AF462093

un bandage contentif. Depuis elle a eu successivement deux enfans par les voies naturelles.

Un évènement semblable a eu lieu dans les environs de Provins. Le fait a été recueilli dans le temps par M. Naudot médecin de cette ville. L'accouchement a eu lieu peu de temps après la lésion ; la femme a survécu à cet accident. On lui a fait porter toute sa vie un bandage contentif avec lequel elle a pu vaquer à ses affaires.

Monsieur *Haumonté*, chirurgien distingué à Bar-sur-Aube m'a communiqué un fait qui, s'il n'a pas de grands rapports avec cet objet, peut néanmoins intéresser les praticiens et leur prouver la nécessité de soutenir l'abdomen après les éventrations ou après les grandes opérations pratiquées sur le ventre. Une femme chez laquelle le bassin n'avait pas les dimensions nécessaires pour que l'accouchement put avoir lieu par les parties naturelles, fut opérée par M. *Aubertin*, médecin célèbre, qui pratiqua l'opération césarienue en incisant le ventre latéralement. Cette femme traitée méthodiquement fut promptement guérie ; elle redevint subitement grosse. Les choses se passèrent bien jusqu'au septième mois ; mais à cette époque, la cicatrice s'étant rompue, elle accoucha par la plaie. M. *Haumonté* présent à la première opération, fut alors appellé ; il n'eut qu'une légère incision à faire pour aggrandir l'ouver-

LE DÉLASSEMENT DES DAMES.

« *La présente signature sera apposée* (manu propria)
» *sur tous les exemplaires avoués par l'éditeur ; tous*
» *autres exemplaires qui n'en seraient pas revêtus , se-*
» *ront saisis , et le débitant poursuivi selon nos lois.* »

Sanson

Six pièces d'or remplacèrent
le petit Chanteur

LE DÉLASSEMENT DES DAMES,

OU

NOUVEAU TRAITÉ DES SERINS DE CANARIES,

CONTENANT la manière de les élever, de les apparier pour en avoir de belles races; des remarques pour connaître les causes de leurs maladies, et les secrets pour les guérir.

DÉDIÉ AUX DAMES,

ET PUBLIÉ PAR A. J. S. ***

PARIS,

SANSON, LIBRAIRE,

BOULEVARD BONNE-NOUVELLE, N.° 3.

1822.

BESANÇON,

DE L'IMPRIMERIE D'ANTOINE MONTARSOLO.

AUX DAMES.

MESDAMES,

EN nous permettant de vous dédier cet ouvrage, nous avons compté que vous voudriez bien ne pas le dédaigner; le sujet ne peut que vous être agréable. Quant à la manière dont il est écrit, nous n'osons espérer le même succès; mais toujours, avec la même confiance, nous attendons beaucoup de votre indulgence.

Pour ce qui est des moyens indiqués pour la guérison des maladies de vos petits favoris, qui, souvent, comme de jolis enfans gâtés, ne sont indisposés que par suite de trop de bonté et de prévenance; pour ce qui est de ces moyèns, disons-nous, vous pourrez les adopter avec la plus grande assurance. Ils sont le résultat des savantes observations et des infatiguables essais du célèbre Hervieux, amateur éclairé, qui a publié un excellent traité de l'art d'élever les serins.

C'est donc cet ouvrage, Mesdames, que nous avons l'honneur de vous présenter aujourd'hui, non pas tel qu'il a été imprimé la première fois, quoi qu'il fût bien digne de votre attention, puisqu'alors, *Son Altesse Sérénissime*, *Madame*, daigna en accepter la dédicace; mais le style en était vieux, il contenait beaucoup de choses inutiles, des longueurs surtout que nous avons cru devoir retrancher. Enfin cet ouvrage quoique pris en entier, et pour ainsi dire copié sur celui d'Hervieux, cependant ne lui ressemble plus du tout.

Pourtant, Mesdames, si vous daignez le prendre sous votre protection, nous sommes assurés que ce nouveau travail aura le même succès que l'ancien; nous pouvons garantir qu'il offre le même fond d'intérêt, d'utilité et de mérite réel. Quant à l'élégance, nous n'y avons eu aucune prétention, non plus qu'à celle d'attacher et de plaire; l'ouvrage est trop particulièrement destiné à des mains qui seules possèdent ces dons!

A. J. S. ***

LE DÉLASSEMENT
DES DAMES,
OU
NOUVEAU TRAITÉ
DES SERINS DE CANARIES.

DU SERIN.

C'EST vers le quatorzième siècle que cet oiseau fut apporté en France. Maintenant on l'y élève avec autant de facilité qu'aux îles Canaries d'où il est originaire, et dont il porte encore le nom ; mais c'est d'autant plus abusivement, que même fort peu des premiers serins nous sont parvenus bien directement de ces îles : ce sont les Suisses qui les apportaient à Paris deux fois par an, au printemps et à l'automne, et ils les tiraient d'Inspruck, ville capitale du Tirol.

Buffon compte vingt-neuf variétés de serins. Ces charmans oiseaux sont bons maris, bons pères, et d'un caractère si doux, d'un naturel si heureux, qu'ils sont susceptibles de toutes les bonnes impressions et doués des meilleures inclinations: ils récréent sans cesse leur femelle par leur chant, ils la soulagent dans la pénible assiduité de couver, ils l'invitent à changer de situation, à leur céder la place, et couvent eux-mêmes tous les jours pendant quelques heures. Ils nourrissent aussi leurs petits, et enfin apprennent tout ce qu'on veut leur montrer.

Le Serin peut s'unir au verdier, au chardonneret, à la linotte, au pinson, et même au moineau. Du reste, ce petit animal est de tous les oiseaux celui qui offre le plus doux délassement. Il est toujours gai, toujours prêt à se prêter aux jeux de ceux qui le nourrissent, et il est même susceptible d'une grande reconnaissance et d'un grand attachement.

Parmi une foule d'anecdotes qui prouvent que le Serin reconnaît ceux qui l'ont élevé, nous ne nous arrêterons qu'à celle-ci, qui renferme à elle seule, toutes les nuances qui distinguent l'excellent caractère des Serins.

« Une Dame, que des malheurs avaient » réduite à la plus affreuse misère, avait » conservé au milieu de sa détresse un » seul ami, avec qui elle partageait son » pain : cet ami, c'était son serin. Elle » n'avait jamais voulu s'en défaire, mal- » gré que plus d'une fois elle en eût » trouvé un grand prix.

» Il parlait très-distinctement, mon- » tait, descendait dans sa cage au » commandement de sa maîtresse, se » plaçait sur le premier, le deuxième ou

» le troisième bâton, selon le signe qu'elle
» lui faisait, chantait deux airs de séri-
» nette et son ramage naturel.

» Enfin, ce pauvre petit être semblait
» s'efforcer pour divertir sa maîtresse, et
» il y réussissait : placé à la croisée du
» quatrième étage où cette Dame demeu-
» rait, le petit serin faisait amasser tout
» le quartier pour l'entendre, et cette
» pauvre Dame, avec toute sa misère,
» avait encore des envieux. Ce fut à tel
» point que l'épouse d'un riche proprié-
» taire tourmenta tant son mari, qu'il
» alla voir la vieille Dame. Hélas! il la
» trouva justement dans un moment où,
» sans ressources, elle se voyait, ainsi
» que son ami, sans le moindre aliment.
» Le pauvre petit animal chantait encore,
» mais le lendemain, il ne devait plus se
» faire entendre, rien, plus rien dutout!..
» Enfin la pauvre Dame se décide : six
» pièces d'or remplacent le petit chan-

» teur. -- Le propriétaire, au comble de » la joie, court vers sa femme et lui porte » l'objet de ses désirs. Mais, ô surprise! » l'oiseau ne dit plus rien. Les lambris » dorés ne le rendent pas joyeux ; on » lui prodigue mille friandises, biscuits, » sucre, échaudés, millet, mouron, » rien n'est épargné, et l'oiseau n'y touche » pas. On lui présente du pain, il hésite; » cependant pressé par le besoin, il en » mange quelques miettes, puis retourne » sur son bâton. Deux jours entiers se pas- » sent ainsi. Le troisième, du grand matin » on le met à la croisée au soleil. Il se cache » la tête sous ses plumes et paraît en- » dormi. Ce Monsieur et sa femme sont » à une autre fenêtre de l'appartement » qui examinent si l'air ne lui rendra pas » sa gaieté, ils en désespèrent. Dans ce » moment une lucarne, dont les ferrures » paraissaient n'avoir jamais été graissées, » s'ouvre en criant sur ses gonds. A ce

» bruit l'oiseau s'est réveillé, il se jette
» aux barreaux de sa cage, il s'y attache
» et regarde vers l'endroit d'où vient le
» bruit.

» C'était celle de son ancienne maî-
» tresse.

» Hélas ! si le pauvre petit s'ennuyait
» dans le salon du riche propriétaire, la
» pauvre Dame souffrait au moins autant
» dans sa mansarde. L'or était resté sur la
» vieille table où ce Monsieur l'avait posé.
» A peine sorti de chez celle qu'il croyait
» obliger, elle était tombée sans con-
» naissance. En revenant à elle, elle s'é-
» tait vue seule : elle venait de sauver la
» vie à son dernier ami, mais elle était
» résolue à mourir : le besoin et le cha-
» grin lui faisaient sentir sa mort pro-
» chaine, et pensant que peut-être son
» petit favori serait à la croisée du pro-
» priétaire, qui n'était qu'à une centaine
» de pas de l'autre côté de la rue, elle

» avait employé le peu de forces qui lui
» restaient pour ouvrir sa lucarne et voir
» encore une fois son chéri. Elle se montre : à peine le petit serin l'a-t-il aperçue, qu'il se débat dans sa cage, se frappe la tête, crie à tel point que la jeune Dame, craignant qu'il ne se tue, va pour le retirer elle-même de la croisée ; mais le hasard veut que la porte de la cage mal fermée, s'ouvre, l'oiseau s'échappe, et il est déjà sur l'épaule de sa véritable maîtresse, de celle qui l'a élevé, qui a partagé son pain avec lui.

» Le propriétaire et sa femme ne savent plus où ils en sont ; cette scène leur arrache des larmes : ils vont ensemble chez la vieille Dame, et, autant par humanité, que pour ne pas laisser périr dans la misère une Dame de condition (car elle fut obligée de se faire connaître), ils installent cette

» vieille Dame chez eux, sous le prétexte
» qu'ils ne veulent pas se séparer d'un
» serin si intéressant. »

Des différentes espèces ou variétés du Serin.

Après avoir parlé des principales qualités qui distinguent si avantageusement le Serin de toutes les autres espèces de petits oiseaux, nous allons indiquer les noms sous lesquels on peut classer ses différentes variétés.

Nous ne nous rencontrerons peut-être pas exactement dans ce travail avec Buffon; cependant, nous trouvons comme lui vingt-neuf variétés, y compris celle des mulets, qui, elle-même, peut se diviser en autant de variétés qu'il y a d'espèces d'accouplement, ce qui peut s'étendre à l'infini, puisqu'il y a des amateurs qui ont réussi à accoupler des espèces que l'on croyait incompatibles avec celle du Serin, ce qui confirme la bonne opinion que l'on peut avoir du caractère de ce petit animal; car alors c'est toujours l'espèce du Serin qui a fait preuve de courage, d'assiduité et de bon naturel. Nous en avons la conviction par l'anecdote suivante :

Une Dame ayant accouplé une serine (ou serin femelle) avec un moineau, ce dernier ne s'occupa en aucune façon des soins de son petit ménage. Ce fut la serine qui seule fit le nid, qui couva seule, et qui, toujours à elle seule, éleva les trois petits mulets éclos par ses soins assidus. Enfin cette pauvre petite mère de famille prit tant de peines après ses petits, sans avoir aucun soulagement de son mâle, qui au contraire, quelquefois la battait, que cette Dame se promit bien de ne plus recommencer; et d'ailleurs elle n'aurait pas pu le faire avec la même femelle, car elle était exténuée, et depuis ne produisit plus que des œufs clairs. Aussi, quand on aura des femelles auxquelles on sera attaché, il ne faudra pas faire de ces expériences, et ne les accoupler qu'avec une espèce plus convenable à la leur, telle que celles dont on trouvera la liste après celle des différentes variétés du Serin, que nous avons promise et que voici. Nous suivrons l'ordre établi par Hervieux, qui commence par les plus communs et finit par les plus beaux.

Serin gris commun.

Serin gris, aux duvets et aux pattes blanches, qu'on appelle race de panachés.

Serin gris à queue blanche, race de panachés.

Serin blond commun.

Serin blond aux yeux rouges.

Serin blond doré.

Serin blond aux duvets, race de panachés.

Serin blond à queue blanche, race de panachés.

Serin jaune commun.

Serin jaune aux duvets, race de panachés.

Serin jaune à queue blanche, race de panachés.

Serin Agathe commun.

Serin Agathe aux yeux rouges.

Serin Agathe à queue blanche, race de panachés.

Serin Agathe aux duvets, race de panachés.

Serin Isabelle commun.

Serin Isabelle aux yeux rouges.

Serin Isabelle doré.

Serin Isabelle aux duvets, race de pachés.

Serin Isabelle à queue blanche, race de panachés.

Serin blanc aux yeux rouges.

Serin panaché commun.

Serin panaché aux yeux rouges.

Serin panaché de blond.

Serin panaché de blond aux yeux rouges.

Serin panaché de noir.

Serin panaché de noir-jonquille aux yeux rouges.

Serin panaché de noir-jonquille et régulier.

Voilà les noms ordinaires que l'on donne aux Serins. Les appelant, comme on le voit, par le nom de la couleur qu'ils portent.

Les Serins que l'on appelle mulets sont les petits des mâles ou des femelles Serins que l'on a accouplés avec des oiseaux de différentes espèces.

Le Bréant, le Pinson, le Linot, le Chardonneret, le Verdier et le Moineau, sont à-peu-près ceux que l'on peut allier au Serin. Après cela on peut faire beaucoup d'essais dont nous ne garantissons pas la réussite ; mais dans tous les cas, il faudrait, dans tous ces accouplemens, choisir les sujets de la classe des oiseaux qui dégorgent, c'est-à-dire, des oiseaux qui emplissent de manger leur jabot, et nourrissent leurs petits ou leurs femelles, pendant l'incubation ou *couvaison*, en vidant dans leur bec ce qui est contenu dans leur gorge.

Quant aux noms que l'on donne aux mulets, la règle en est facile à apprendre : si c'est un Serin, avec une femelle Pinson et *vice versâ*, c'est un mulet

de Pinson,

de Chardonneret,

de Linot. Et ainsi de suite, ils prennent le nom de l'espèce alliée au Serin.

Des cages propres aux Serins, et de l'exposition qui leur convient.

Les cages dont on se sert sont pour la plupart en sapin. Mais si le bon marché et la légèreté engagent à les prendre, bien des inconvéniens compensent ces soi-disant avantages. Outre que ce bois trop tendre sert de refuge à une innombrable quantité de mittes qui s'y engendrent, c'est que ces cages ne peuvent être long-temps exposées à l'air, sans se déjeter de toutes parts. Les grillages s'échappent de leur place, et souvent il faut changer ces cages dans le moment que les serins sont à couver, ce qui leur fait abandonner leur nid, ou alors les mittes tourmentent les petits serins nouvellement éclos et peuvent causer leur mort.

Les cages en hètre valent un peu

mieux ; mais enfin on ne réussira à posséder une bonne cage qu'en la faisant faire en bois de chêne, ou, pour ceux qui veulent en faire la dépense, en bois de noyer. Ces deux sortes de bois sont très-durs et ont l'avantage de durcir encore en vieillissant et même de s'embellir.

Hervieux nous a laissé des modèles de cages qui, sans contredit, sont d'une assez heureuse invention, mais elles auraient aussi de graves inconvéniens ; et d'ailleurs, il faut avouer que les cages que l'on fait actuellement sont fort-bien construites et très-commodes. Au reste, il est peut-être moins important de s'attacher à la forme de la cage qui varie peu depuis une dixaine d'années, à la grandeur près, que de faire une sérieuse attention à la place que l'on donnera à cette cage, soit à l'extérieur, soit dans l'intérieur. L'hiver surtout est pernicieux aux serins, en ce que, sans consulter la délicatesse de leur tempérament, on les change trop subitement de température, par exemple, on ouvre une croisée qui frappe directement sur la cage, quelquefois dans un moment où le serin, placé trop près du feu, est presque haletant. D'ailleurs, on doit toujours les éloigner le plus possible du feu, surtout si la pièce est chauffée par un poële. Dans ce cas encore, il faut que la cage soit au moins à deux pieds de distance du plafond, et plus s'il est possible, la raison est que, la partie de l'air la plus échauffée, et par conséquent la plus légère, monte vers le plafond, et qu'elle suffoque le serin.

Si c'est à l'extérieur, il faut choisir de préférence le côté du levant, et surtout s'ils couvent. Quelques personnes observeront peut-être que quand les serins couvent on ne peut les sortir, c'est une erreur ; le principal c'est que l'exposition leur soit propre et que rien ne puisse les effrayer. Alors ils couveront partout où on les placera. -- Plusieurs accidens menacent les mères et les petits, mais on pourra les éviter en suivant nos instructions. Les jeunes serins profiteront bien plus à cette exposition qu'à toute autre. Le midi et le couchant leur est funeste en ce qu'il leur brûle la cervelle, les mittes y acquèrent de la force, et les incommodent beaucoup. -- Les mères y sont sujettes à la sueur, et elles étouffent leurs petits sans le savoir. L'exposition du nord ne leur convient pas davantage, parce qu'il s'élève souvent, même en été, un vent froid qui cause la mort aux petits nouveaux nés, et quelquefois au père et à la mère.

S'ils ne font rien pendant l'année, ou ne produisent que des œufs clairs, c'est presque toujours pour être placés dans des situations qui leur sont contraires;

l'obscurité du lieu aussi, contribue beaucoup, mais en mal, sur leur tempérament. Ils deviennent mélancoliques, bientôt des abcès se forment, et les plus graves accidens en sont la suite.

Voici un fait qui prouve que la mélancolie est une maladie grave pour les serins.

Malgré qu'ici ce soit une autre cause qui ait déterminé le mal, le résultat se rapporte parfaitement avec ce que nous avons dit.

Un serin, que l'on avait accouplé avec une linotte, faisait avec elle le meilleur petit ménage possible. Au bout de trois ans la femelle vient à mourir, le mâle ne chante plus, mange à peine ; enfin on lui donne une autre compagne, mais il la bat d'une telle façon, sans cesser pour cela d'être mélancolique, que l'on est obligé de la retirer; le serin est plus tranquille, mais il n'est pas plus gai ; le peu d'exercice qu'il se donne, est cause que deux abcès se forment ; à force de soins on parvient à l'en guérir , mais point de sa tristesse; c'est en vain qu'on l'a sauvé d'un mauvais pas; il néglige de manger, quelque bonnes choses qu'on lui présente, et enfin périt par la mélancolie, victime du plus tendre attachement.

Du temps d'accoupler les Serins et des marques qui distinguent le mâle de la femelle.

LES Serins font trois et peuvent même faire quatre couvées par an. Le temps de les accoupler ne peut pas être déterminé d'une manière positive, parce qu'il faut suivre en cela la marche de la température qui est souvent plus avancée dans une année que dans une autre. Mais pour règle générale, vers la fin de mars, lorsque le soleil prenant de la force rend l'intensité du froid moins grande, et que les gelées ne sont plus à redouter, on peut se préparer à accoupler les serins. D'ailleurs, si en commençant de bonne heure il y a quelques chances dangereuses à courir à cause des froids qui peuvent survenir, il y a encore plus d'inconvéniens à commencer tard, par les raisons suivantes.

S'il survient des froids, les petits en souffriront peu, en ce que la mère redoublera de soins pour les couvrir et les échauffer. D'ailleurs on aura le soin de tenir toutes les fenêtres fermées et d'entretenir une chaleur douce dans la pièce où ils seront. Ces petites contrariétés sont compensées par un grand avantage, c'est que les petits serins venant au monde de bonne heure dans l'année, c'est-à-dire, au mois d'avril ou dans les premiers jours de mai au plus tard, feront leur mue vers le mois de juillet, qui est le temps le plus favorable pour cette dangereuse maladie, parce que la grande chaleur qu'il fait à cette époque, tient tous les pores ouverts, et les plumes de ces petits animaux tombent et renaissent plus vîte et plus aisément, ce qui leur donne un grand avantage surles couvées qui viennent plus tard, et surtoutsur la troisième et la dernière qui viennent en juillet et août, et qui ne pouvant muer que vers le milieu de l'automne ou même plus tard, risquent de périr et périssent souvent : le froid resserrant les pores, leurs plumes ne peuvent repousser qu'avec beaucoup de peine, et les grandes souffrances qu'ils éprouvent, jointes au froid qui règne alors, les emportent malgré tous les soins possibles. Il ne suffit plus ici de les tenir chaudement, le degré de chaleur convenable à leur situation serait trop élevé, en raison de ce que ce n'est pas une chaleur naturelle pour leurs forces physiques, de sorte qu'ils périraient infailliblement si l'on voulait les secourir par la chaleur d'un poêle ou d'une cheminée. Il n'y a donc que des désagrémens à attendre de ces couvées tardives ; outre que les pères et mères de leur côté auront sans doute apporté moins de soins à ces derniers venus qu'aux premiers ; car on peut remarquer qu'ils sont tout de feu pour élever et nourrir les premières couvées ; tandis qu'à la troisième et quatrième ; ils commencent à s'ennuyer de faire toujours la même chose, et ne voulant plus s'assujettir aux heures, ils donnent la becquée aux petits, tantôt trop tôt, tantôt trop tard, ce qui influe beaucoup sur la constitution de ces derniers, qui meurent à la première maladie, qui est ordinairement la mue.

Ayant indiqué les avantages et inconconvéniens des divers temps de l'accouplement, nous allons maintenant parler de la manière d'y procéder.

Il faut prendre une cage neuve ou au moins bien propre, s'assurer s'il n'y a pas de mittes ; et vieille ou neuve, faire brûler dedans une feuille de papier pour ôter soit le mauvais air si elle est vieille, soit la mauvaise odeur si elle est neuve, alors vous pourrez mettre dedans, le couple que vous voudrez apparier.

Il faut remarquer qu'une petite cage est plus avantageuse pour cela qu'une grande, parce qu'étant continuellement plus près l'un de l'autre, ils se familarisent ensemble beaucoup plutôt.

Il faut surtout faire bien attention de ne pas mettre deux femelles ensemble, ce qui arrive souvent, quand ce sont des serins de l'année précédente que l'on prend dans une volière pour les accoupler. L'erreur vient de ce qu'il y a des femelles qui chantent au printemps, presqu'aussi fort que des mâles; et par contre, des mâles, qui ont un chant si bas et si mauvais, qu'on les prend aisément pour des femelles; ce qui double l'erreur quand ce sont deux femelles, c'est qu'il y en aura presque toujours une qui pondra, peut-être même toutes deux. On voit des œufs on est satisfait; mais il est tout simple que ce sont des œufs clairs; si au contraire, ce sont deux mâles, on est surpris qu'ils ne fassent rien ; et ce qui double encore ici l'erreur, c'est que de deux mâles seuls ensemble, soit timidité du plus foible, soit jalousie du plus fort qui bat l'autre, quand il veut se faire entendre ; il y en a toujours un qui ne chante pas, ou très-peu; on le croit femelle, et ce sont ces femelles supposées, que presque toujours on appelle *Bréhaignes*, (c'est-à-dire stériles) : et l'année se passe ainsi sans aucun résultat.

Il faut donc faire une grande attention, lorsque l'on veut faire un accouplement, de ne pas se tromper de sexe ; et l'on se trompera rarement, si aux observations journalières que l'on peut faire, on y joint les suivantes.

Le serin a une espèce de fève jaune sous le bec, qui descend beaucoup plus bas chez le mâle que chez la femelle ; de plus il a la tète un peu plus grosse et plus longue, et pour l'ordinaire est plus haut monté que la femelle, qui a les pattes courtes. Le serin se fait encore connaître en ce qu'il est plus vif en couleur que la femelle ; on peut remarquer encore, que la femelle a le bec toujours d'un blanc jaunissant, comme à peu près la couleur du pied de la chicorée sauvage, dite *barbe de capucin ;* tandis que le bec du mâle annonce de la force, et brunit d'avantage à mesure que la couleur approche de l'extrémité du bec, qui au bout, est presque tout brun. Enfin, sur le haut du bec, on voit une raie blanche, qui est déjà fort saillante chez les serins les plus jeunes, et toujours très-foibles chez les femelles même vieilles. Cependant la marque la plus solide et la plus sûre, c'est le chant : et voilà comme il faut l'observer.

Dès que le mâle commence à manger seul, presqu'aussitôt, il commence aussi à gazouiller. Après la mue, ce gazouillement devient un chant, qui, peu à peu, se fortifie au printemps suivant, pour les dernières couvées, et peu après l'automne, pour les premières.

Nous finirons cet article en prévenant nos lecteurs que pendant les trois, quatre et quelques fois même huit premiers jours, s'il y a de grandes querelles dans le ménage, il ne faut pas s'en étonner; bientôt le bon accord renaît, et alors, c'est pour tou jours. Bien différens de certains autres ménages, ou dans les premiers temps, ce ne sont que caresses et transports, et ensuite ce ne sont plus que brouilleries et querelles.

De la manière d'apparier les Serins, pour en avoir de belles variétés.

PLUS les Serins se sont multipliés, et par conséquent sont devenus communs, et plus aussi est-on devenu difficile sur les différentes couleurs de leur plumage. Telle personne était fort contente d'avoir un serin ordinaire, qui, ensuite, a voulu en avoir un panaché. Au quinzième siècle, on poussa si loin le goût pour les serins, (à ce que nous rapporte Hervieux,) que des œufs qui souvent se trouvaient clairs, mais qui venaient de serins recherchés, tels que des serins dorés, isabelle ou agathe, se sont vendus jusqu'à deux pistoles, (*vingt francs*) et une paire de serins mulets, mais parfaitement marqués, et semblables, a été vendue *vingt-cinq louis.*

Dans ce temps là, ce n'était pas les marchands d'oiseaux qui faisaient ce commerce, c'était des gens de distinction, qui en vendaient ouvertement à tout le monde, et surtout à leurs amis. On doit bien sentir que c'était moins pour l'argent qu'ils en tiraient, que pour l'honneur qu'ils trouvaient à réussir dans les essais multipliés et curieux qu'ils faisaient. Ensuite, vinrent les Suisses, à qui les gens comme il faut abandonnèrent cela, et ceux-ci, à leur tour, se virent bientôt forcés de l'abandonner aux oiseleurs établis, qui, étant sur les lieux, pour répondre des oiseaux qu'ils vendaient, inspirèrent plus de confiance aux amateurs que ces coureurs, qui disparaissaient aussitôt leurs oiseaux débités.

Cependant, le goût des serins ne fut pas négligé : les dames surtout s'en emparèrent, et par leur patience et leur extrême prévenance, elles firent des élèves qui surprirent les curieux.

On cite une dame qui perdit en même temps le père et la mère d'une couvée de trois œufs ; le mâle s'échappa de la cage et la femelle mourut d'échauffement sur son nid : cette dame au désespoir adopta un des œufs, le plaça tout chaud dans son sein, et parvint à compléter, sans accident, le temps de l'incubation, et avec un tel succès, qu'elle fit éclore l'œuf, éleva son petit orphelin qui se trouva être un mâle, et lui donna une brillante éducation.

Depuis deux ans, le petit serin faisait les délices de sa maîtresse et des sociétés où elle se faisait un plaisir de le porter avec elle; mais, hélas! le pauvre petit était bien en train de divertir tout un cercle ; il chantait pour madame la marquise, il faisait le mort pour monsieur le comte, et revenait à la vie au cri de vive le roi, lorsque toute la compagnie se leva en jetant des cris affreux : on venait d'apercevoir un chat, qui s'était glissé furtivement dans l'appartement ; l'effroi général se communique au petit oiseau, il s'envole, il ne sait où il va, il se fatigue en vain devant une glace contre laquelle il ne peut se reposer, et malgré tous les efforts des dames, qui poursuivent le chat avec les éventails, les schals et tout ce qu'on trouve sous la main ; le maudit animal, évitant les coups, poursuit sa victime, l'atteint, un cri général se fait entendre !... c'en était fait, le petit savant n'existait plus.

Mais, sans essayer de ces choses extraordinaires, dont la réussite est extrêmement rare, nous allons donner une suite d'observations, qui devront tenir lieu de règle pour apparier les serins, de façon à en obtenir les résultats les plus satisfaisans, et dont la réussite n'est point douteuse.

Si l'on met un serin gris avec une femelle grise, on ne peut attendre que des serins gris. Il en est de même des blonds, isabelles, agathes, jaunes. etc. Mais lorsqu'on entremêle ces espèces, on voit souvent naître des oiseaux, non seulement plus beaux que leurs pères et mères, mais même beaucoup plus beaux qu'on ne s'y attendait. Par exemple, il n'est pas toujours nécessaire d'avoir des serins panachés, pour en avoir de beaux ; il suffit seulement qu'ils sortent de panachés, pour que leurs descendans soient souvent plus beaux que s'ils sortaient directement des panachés. Aussi un mâle gris à queue blanche, et une femelle grise aux duvets, peuvent produire, outre les gris aux duvets et à queue blanche que l'on doit attendre, quelques panachés, souvent plus réguliers que si c'était des panachés qui les eussent produits. Il en est de même des blonds, jaunes, agathes, qui étant de races de panachés, ce qui se connaît lorsqu'ils ont le duvet ou quelques plumes blanches à la queue, lesquels mis avec des femelles de leur espèce, font de très-beaux oiseaux, et le plus souvent panachés. Mais quand on voudra des produits réellement beaux, voilà comment il faudra apparier les serins.

Un mâle panaché de blond avec une femelle jaune queue blanche.

Tous mâles panachés, avec une femelle queue blanche, hors la femelle grise, même queue blanche.

Un mâle jaune race de panachés, avec une femelle jonquille produisent une variété superbe, qui est le serin jonquille panaché.

Si l'on veut avoir moins de jaunes et plus de panachés, il faut mettre, au contraire, un mâle panaché de noir avec une femelle jaune queue blanche. Cela produit le beau jonquille; mais il faut, pour bien réussir, que cette femelle jaune queue blanche, dont nous parlons ici, sorte du male jonquille bien marqué, et d'une femelle jaune queue blanche.

Les petits qui sortiront de ce dernier accouplement, seront très-difficiles à élever, parce qu'ils seront d'une complexion bien délicate; mais aussi, pour le peu que l'on en élèvera, on pourra se flatter d'avoir tout ce qu'on peut désirer de plus beau dans les diverses variétés du serin.

Ensuite, si l'on veut sortir de l'espèce, on fera des essais sur toutes celles que nous avons indiquées précédemment, page 21 : alors ce ne sera plus pour obtenir des variétés du serin, mais pour avoir des mulets.

Des différens objets nécessaires aux Serins pour faire leur nid.

On donne une infinité de choses aux serins pour faire leur nid ; mais fort peu sont bonnes, et nous allons en déduire les raisons.

Le coton haché par exemple, aussi bien que la filasse, leur est très-nuisible, en ce que cela s'attache à leurs pattes et à leurs griffes, de sorte que la femelle qui couve, sortant de son nid avec vitesse, entraîne le nid et casse les œufs. On s'en prend à la mauvaise inclination du mâle que l'on accuse d'être mauvais mari ; tandis qu'il est souvent innocent et très-chagrin de l'évènement qui le prive de ses espérances.

La bourre de cerf neuve ou commune ne leur est guère meilleure, parce qu'elle échauffe trop les femelles, elles les fait suer, et lorsque les petits viennent à éclore ils se trouvent étouffés par la sueur de la mère. La bourre de cerf a encore un autre inconvénient; c'est de s'attacher au corps des petits nouveaux nés, d'y former une croûte qui les empêche de vider; alors les petits périssent le jabot plein, et l'on suspecte encore les pères et mères, qu'on accuse d'avoir empoisonné leurs petits, en ne choisissant pas bien les choses qu'ils leur ont données.

Cependant, si l'on veut se servir de cette bourre, on le peut malgré tout, et l'on peut même lui donner un but d'utilité, c'est lors de la première couvée, parce qu'il ne fait pas encore bien chaud, et que les inconvéniens sont balancés par de certains avantages; mais passé cela, il faut absolument y renoncer.

On emploie assez généralement la mousse: nous ne détournerons pas entièrement de cet usage, mais il faut en user avec précaution, car les serins en mettent beaucoup trop dans leur nid; les œufs se trouvent enterrés dans cette mousse, et ne se ressentant pas assez de la chaleur de la couveuse, ils ne peuvent éclore. Chacun croit qu'en leur donnant de quoi se faire un nid douillet, ils en seront mieux; et si l'on voulait bien consulter leurs besoins, on leur donnerait tout simplement du petit foin bien délié pour faire le corps du nid; encore, faut-il que ce petit foin soit cueilli et séché au soleil long-temps auparavant que de le leur donner, afin qu'étant très-sec, il ait perdu sa force et ne les entête pas.

Quand le nid est presque fait, on peut leur donner alors une pincée de mousse, et si c'est le premier nid, on pourra joindre à la mousse autant de bourre de cerf; cela leur suffira amplement pour garnir le fond.

Il ne faut donner à chaque ménage qu'un panier pour faire le nid ; quelques personnes ont essayé de leur en mettre deux, pour laisser aux serins le choix de la place où ils veulent être, croyant par-là les rapprocher de l'état de nature, où ils peuvent choisir le lieu qui leur plaît pour faire leur nid. Mais, observons bien que dans les bois, les oiseaux ne choisissent pas les emplacemens selon leur goût, mais bien selon leur commodité : de sorte que là où ils trouvent une branche dont la fourche est disposée de façon à pouvoir y établir solidement leur nid, ils l'adoptent sans chercher que ce soit là plutôt qu'ici, ni là-bas plutôt qu'ailleurs. La preuve de ce que nous avançons, c'est que, dans Paris, ainsi que dans toutes les villes, on voit le moineau vulgairement appelé *Pierrot*, faire son nid indifféremment sur un arbre, dans un trou, dans une goutière, même dans le haut d'une persienne ou d'une jalousie, et non pas exclusivement, dans un de ces endroits en particulier. Cependant, il est à peu-près prouvé, que chaque espèce est pourvue des mêmes facultés et assujettie aux mêmes besoins; or, le besoin véritable, celui contre lequel ils ne peuvent lutter, c'est celui de s'accoupler, de faire un nid; et pourvu qu'ils trouvent une place où ils espèrent le soustraire à leurs ennemis, cette place est bonne, et leurs désirs sont satisfaits. Conséquemment, le serin dans sa cage, éprouve les mêmes besoins : il trouve un panier où il poura faire aisément son nid, il l'adopte de préférence à un de ses bâtons, où il aurait une peine infinie à l'assujettir. Cependant, nous avons fait faire un nid à des serins sans leur donner de panier ; mais nous avons tâché de leur offrir les mêmes facilités qu'ils auraient pu trouver s'ils eussent été libres, et à cet effet nous avons choisi des bâtons encore garnis de leurs petites branches, nous les avons placés en croix dans la cage de nos serins, en donnant à ces bâtons, vers l'endroit où ils se croisaient, un pli en profondeur, de sorte qu'ils représentaient, mais très-imparfaitement, une carcasse de panier : les serins s'en sont fort bien accomodés, et ont bâti sur ces branches, un nid vraiment admirable pour le travail ; mais aussi, par contre, à la couvée suivante, pour les récompenser de leur courage, nous essayâmes de leur faire nous-mêmes le nid dans un panier, et nous le leur présentâmes soigneusement arrangé d'après leur modèle : les petits paresseux y retouchèrent à peine, et la ponte, la couvée et les élèves tout s'y fit comme à l'ordinaire. Concluons donc qu'il est tout au moins inutile de donner deux paniers à un ménage ; nous ajouterons même que cela est nuisible ; car au lieu de faire leur nid tout de suite, ils ne font que jouer en portant de l'un à l'autre. Le moment de la ponte arrive, et toujours sur le même principe, ils choisissent celui qui est le plus commode, c'est-à-dire, celui qui est le plus avancé, mais qui pour cela n'en est pas moins imparfait.

Malgré que nous ayons prescrit de ne pas donner deux paniers à la fois au même couple, cela n'empêchera pas aux personnes qui voudront s'assurer de quatre couvées par an, de mettre un deuxième panier dans la cage, mais seulement douze ou quinze jours après que la première couvée est éclose. Le père et la mère feront leur second nid tout en nourrissant leur petits, et, par ce moyen, sur trois couvées, on gagne le temps de la quatrième, qui peut se faire ainsi avant les froids d'automne. Mais pour ne pas abuser du courage de ces intéressans oiseaux, il faudra leur donner le troisième et le quatrième nid tout faits.

Si ce sont des panachés surtout, (car ils sont toujours plus délicats que les autres variétés, il faut donc les ménager ;) trois couvées sont autant qu'il en faut pour leur tempérament, et encore doit-on toujours leur donner le nid fait. Ils ne manqueront pas de le refaire, mais au moins, on leur épargnera une grande fatigue, celle de commencer le corps du nid, et d'apporter brin à brin les mille et un petits morceaux de foin dont il est composé. Quelques personnes ont essayé de faire couver les serins dans des sabots de bois, d'autres dans des sabots de terre. Les premiers sont préférables si l'on accouple une serine avec un moineau, parce que le moineau attend toujours au dernier moment, et fait mal son nid, alors ce sabot le maintient ; mais pour celui de terre il ne vaut absolument rien, et l'autre n'est bon que dans le cas que nous avons indiqué.

Il ne faut pas non plus, si c'est un panier qu'il soit trop grand, pour deux raisons; la première c'est que le couple est plus long-temps pour l'emplir, et se fatigue inutilement.

La seconde, c'est que les œufs se trouvent éloignés les uns des autres, ensorte que la femelle ne peut pas les couvrir bien complettement en couvant; cela est cause que plusieurs ne peuvent éclore: et comme la couveuse les retourne de temps en temps, il s'ensuit que changeant de place autant de fois, tous se trouvent avoir pris du froid successivement, et il peut arriver qu'aucuns ne réussissent.

Une grande précaution que l'on devrait toujours avoir et que l'on n'a presque jamais; c'est de garnir le fond de la cage de sable de rivière passé dans une passoire, ou du grès bien fin. On en mettra environ un doigt épais, afin que, malgré tous les soins que l'on prendra, si un œuf vient à tomber il ne se casse point. Un des petits nouveaux nés peut aussi tomber du nid, et ne se tuera pas s'il tombe sur un sable fin où il n'y aura pas de pierres. Il arrive encore que la femelle pressee par la ponte dépose son œuf par terre, il y sera conservé en reposant sur ce sable, autrement il se casserait, le male ou la femelle peut-être tout deux seraient tentés d'y goûter, et c'est assez s'ils y prennent goût, pour qu'à l'avenir ils ouvrent tous leurs œufs pour les manger ; ce qui est une inclination terrible chez les serins, et que l'on ne peut plus corriger.

Des nourritures différentes qu'il faut donner aux serins lorsqu'il sont en cage, lorsqu'ils sont accouplés et quand ils ont des petits.

Ce qui dégoûte la plupart des personnes qui commencent à élever des serins, c'est la grande quantité qui périssent entre leurs mains ; et cela c'est ordinairement pour leur donner trop ou trop peu de nourriture, sans faire attention que ce qui leur est propre dans une saison, est souvent un poison pour eux dans une autre.

Lors donc que les serins seront bien sevrés, ce que l'on reconnaîtra lorsqu'ils mangeront seuls, on leur donnera pour nourriture ordinaire de la navette, du millet, de l'alpiste et du chenevis. Mais il faut que ces graines soient ainsi mélangées; savoir :

Un demi-litre de chenevis;

Un demi-litre d'alpiste;

Un litre de millet.

Le tout confondu dans six litres de navette bien vannée, afin qu'il n'y reste point de poussière.

On mettra ce mélange dans une boîte de chêne bien fermée, pour qu'il n'y entre aucune ordure, et on emplira de cette graine l'auget des serins : ce sera la mesure de deux jours au moins pour un ménage de deux serins.

La graine blanche sera mangée dès le premier jour, peut-être; mais il ne faudra pas en remettre, parce qu'il faut qu'ils mangent la noire aussi, et ils lui feront fête le second jour. De cette façon, ils ne deviendront pas trop gras et chanteront mieux. Ce régime peut, et même doit leur être continué pendant toute leur vie.

Il est inutile d'essayer de les nourrir seulement avec de la navette, comme le font quelques personnes, qui prétendent par là prolonger leur vie, beaucoup de serins périssent à cette dure épreuve, et le peu qui survivent sont toujours tristes et maigres, surtout ceux des dernières couvées, qui périssent à la première maladie aussi.

Malgré le régime sévère que nous venons d'indiquer, nous sommes bien loin d'approuver cet excès de dureté; nous engageons à leur donner de loin en loin quelques douceurs, comme un petit morceau d'échaudé ou de biscuit bien *rassis ;* nous engageons surtout à le faire, lorsque l'on s'apercevra que la femelle est près de pondre.

Quand l'hiver est bien passé, on doit aussi leur donner pendant une huitaine, beaucoup de graine de laitue, cela les purge des mauvaises humeurs qu'ils ont contractées pendant l'hiver; surtout ne leur donner que très-rarement du sucre. Ceci ne doit leur être offert qu'à la main pour les attirer et les rendre familiers, enfin comme récompense. Mais c'est un mal d'en mettre après les barreaux de leur cage et à discrétion.

D'ailleurs, ce qui doit engager à leur donner un petit régal de temps en temps, c'est que lorsque les serins ont des petits, on est bien forcé de leur donner une nourriture plus agréable, par rapport à eux-mêmes, qui fatiguent beaucoup, et par rapport aux petits, qu'il faut qu'ils nourissent de choses délicates. Or, s'ils sont élevés trop durement, ces pauvres animaux oublient leurs petits pour se jeter sur cette nourriture nouvelle, et s'en gorger; ils en mangent alors en si grande quantité, qu'ils s'avalent et s'étouffent en peu de jours.

Mais nous voilà arrivés au moment le

plus difficile pour gouverner les serins, c'est lorsqu'ils ont des petits.

Le douzième jour que la femelle couve, et qui est la veille que les petits doivent éclore, il faut faire un nettoyage général, de façon que ce travail puisse servir pour deux jours au moins, afin que l'on ne soit pas obligé de les tourmenter, et qu'on puisse les laisser tout à leurs petits. A cet effet, on changera le sable qu'on aura mis dans le fond de la cage; et le nouveau qu'on remettra devra être passé comme le premier. Il faut aussi nettoyer tous les bâtons, les gratter si cela est nécessaire; les bien visiter pour en chasser les mittes; vider les augets; jeter ce qui est dedans et les remplir de nouvelle graine; enfin renouveler de tout.

Il faut aussi leur mettre une moitié d'échaudé dont la croûte de dessus sera ôtée et un petit biscuit bien dur, parce que, si l'un ou l'autre était tendre, les serins en mangeraient beaucoup, et buvant de même, la pâte renflerait dans leur jabot et les étoufferait infailliblement.

Tant que cet échaudé et ce biscuit dureront, il ne faudra pas leur en donner d'autres, mais pour ce qui suit, il faudra le changer deux fois par jour et même trois fois dans les grandes chaleurs. Toute fois on ne leur donnera ceci que le treizième jour, lorsque les petits seront éclos. (1).

---

(1) Souvent ces petits ne naissent pas ensemble, et c'est un grand mal, parce que les premiers nés sont incommodés par les œufs, et les derniers sont gênés à leur tour par les premiers qui ont déjà acquis de la force et qui, quelquefois, les étouffent. Nous disons que c'est un mal, parce que malgré que cela soit naturel, ce n'est pas sans remède, et voila le moyen,

On fait faire chez un tourneur quatre œufs en chêne, on devra les avoir quelque temps avant de s'en servir, afin que le bois ait pu se dégager de toute sa fraîcheur ou humidité, et de son odeur. Alors on guettera le premier œuf des serins que l'on aura accouplés, on le prendra avec une cuiller à café pour le serrer dans du coton, en remplaçant dans le nid cet œuf véritable par un œuf de bois. On fera de même pour le second, le troisième, et le quatrième. Si la femelle en pond un cinquième, comme c'est le dernier, on le

Il faudra donc leur donner le treizième jour :

Un quartier d'œuf dur, blanc et jaune, haché fort menu ;

Un morceau d'échaudé trempé dans de l'eau et pressé dans la main, le tout posé sur une petite saucière.

Dans un autre vase on mettra de la graine habituelle, mais qui aura trempé

---

lui laissera en ôtant ceux en bois et remettant les bons. Si, après le quatrième œuf, la femelle reste un jour sans pondre, c'est qu'elle n'en pondra que quatre. Il faut donc le lendemain lui remettre ses œufs ; de sorte que commençant à couver tous les œufs ensemble, ils écloront aussi tous ensemble ou à peu près. Quelques personnes se servent, au lieu d'œufs de bois, d'œufs de serins qui se sont trouvés clairs. Mais il y a danger que la femelle ne les casse sous elle dans la nuit et ne s'empoisonne par la mauvaise odeur. D'autres personnes aussi pourront craindre que cette nombreuse famille, tout d'un jonr, n'embarrasse le père et la mère, ; mais nous prendrons sujet de faire compliment aux dames, à qui cet ouvrage est dédié, de la manière dont chaque jour elle s'acquittent des devoirs de la maternité, qu'elles ont le courage de regarder comme des plaisirs ; elles nous permettront sans doute de supposer à leurs petits favoris quelque peu de ces excellentes qualités.

environ deux heures dans de l'eau que l'on aura soin de faire égouter. Si l'on veut encore mieux, c'est de faire bouillir la graine un bouillon et la rincer dans l'eau fraîche, cela ôte entièrement toute l'acreté, et les serins peuvent en manger autant qu'ils voudront, il n'y a aucun danger ni pour eux ni pour les petits.

Il faut aussi leur donner un peu de verdure telle que mouron et seneçon, mais très-peu, et lorsqu'il n'y en a plus sur la terre, comme au mois de juillet ou août, on remplace cela par un cœur de laitue pommée, ou de la chicorée, ou enfin du plantin mûr.

On leur donnera encore de temps en temps un peu de graine d'œillet, de la graine de laitue et d'argentine, partie égale et bien mêlées ensemble dans un petit pot, cela les raffraîchit. Il faut surtout s'attacher à remarquer ce que le mâle aime le mieux, afin de lui en donner tant qu'il voudra, car, quand ils ont des petits, il faut leur donner ce qu'ils aiment à discrétion, excepté la verdure, que l'on ne doit offrir qu'en très-petite quantité, parce que tant qu'ils en ont, ils la mangent de préférence, et ne nourrissant leurs petits que de verdure, ils leur font un mauvais corps en les relâchant trop.

On peut, pour leur faire plaisir, mettre un peu de réglisse nouvelle dans leur eau, cela donne une saveur à leur boisson et ne les échauffe pas comme le sucre, qu'il faut leur refuser absolument tant qu'ils nourrissent.

Dans les chaleurs, on ne doit pas oublier de leur mettre de quoi se baigner; mais il ne faut pas que le vase soit trop profond; et de rigueur on doit changer cette eau tous les jours, ainsi que leur boisson; sans cela on les expose à une infinité de maladies, qui sont la suite de cet oubli.

De l'avantage d'élever les Serins à la brochette; des différentes pâtes qu'on doit employer pour les nourrir; en quel temps on doit les retirer de dessous la mère, selon les variétés et la manière de bien diriger les soins qu'on leur donne.

QUELQUE familiers que soient les Serins que l'on aura appariés, quelques soins que l'on donne à de jeunes serins qui en naîtront, ils ne seront jamais aussi aimables, élevés par le père et la mère, qu'ils le seront si l'on se donne la peine, ou plutôt le plaisir, de les élever à la brochette; c'est alors que l'on pourra espérer de trouver en eux une petite société et un véritable délassement; ils pourront porter de l'attachement; ils connaîtront leurs maîtres; seront dociles aux leçons qu'on leur donnera, et sensibles aux corrections qu'on voudra leur infliger.

Nous avons connu une dame qui avait élevé un serin qu'elle corrigeait avec une grande épingle à friser, lorsqu'il ne faisait pas assez promptement ce qu'elle voulait; aussi lorsque l'oiseau était en défaut, et que cette dame allait chercher la redoutable épingle, il s'empressait de regagner sa cage qui était toujours ouverte, et se réfugiait sur le dernier bâton; là il semblait défier sa maîtresse, parce que cette dame qui l'aimait à la folie, lui avait ménagé cette sauve garde : jamais, quelque fâchée qu'elle fût, elle ne l'avait touché lorsqu'il était sur ce bâton ; le petit lutin le savait bien; aussi ne le quittait-il que quand la terrible épingle était remise dans le tiroir de la toilette ; alors il venait *câliner* sa maîtresse, voltigeant d'une épaule sur l'autre, lui becquetant l'oreille jusqu'à ce qu'elle l'eût baisé ; une fois la paix faite, il se mettait à chanter et souvent à recommencer ses petites espiègleries.

Mais pour revenir à notre sujet, après avoir engagé les dames à faire des élèves à la brochette, nous allons indiquer les différentes pâtes qui conviennent alors aux serins, et le temps où l'on peut sans danger les ôter à la mère ; car il faut bien considérer que pris trop jeunes, ils seront plus difficiles à élever à cause de leur délicatesse ; et trop vieux, qui est le plus grand mal, ils connaîtront déjà le père et la mère, et il sera à peu près impossible de les apprivoiser parfaitement. Or donc, si ce sont des serins gris ou blonds, il faudra les prendre à la mère, à dix ou onze jours, parce que ce sont les races les plus robustes.

S'ils sont panachés, ou race de panachés, il ne faut les retirer qu'à treize jours, et s'ils sont jonquille, comme c'est la race la plus délicate, il ne faut les prendre qu'à quatorze jours pour la deuxième et troisième couvée, et seulement au quinzième ou seizième jour pour les couvées de printemps et d'automne, époque à laquelle les oiseaux profitent un peu moins vîte que pendant l'été.

Il arrivera cependant quelquefois, que l'on sera obligé de passer outre les instructions ci-dessus : c'est lorsque la femelle ne nourrit pas bien, ou vient à périr, ou lorsqu'au bout d'une huitaine de jours elle abandonne ses petits pour faire un nouveau nid, le mâle essaiera bien de la remplacer; mais la mère arrachera le vieux nid brin à brin, pour porter dans les coins de la cage ou dans le nouveau panier si on lui en a mis un; et ce qui fait surtout qu'il faut lui retirer ses petits, c'est que malgré qu'on lui fournisse tout ce qu'il faut pour son nouveau nid, c'est toujours l'ancien qu'elle déferait, laisserait ses petits à sec, et pousserait même la cruauté jusqu'à arracher toutes leurs plumes, pour en garnir son nouveau nid. Ceci est un grand défaut dans une serine, et quand on s'aperçoit que l'une de celles que l'on accouple a ce vice, il faut la condamner au célibat, parce que les autres femelles, si c'est en volière, ne manqueraient pas de l'imiter.

Quand aux pâtes qui conviennent aux serins que l'on élève à la brochette, nous allons indiquer deux manières de les composer; voici la première :

On prendra,

1.° Un demi-litre de graine de navette, on l'écrasera, soit sur une table avec un rouleau ou une bouteille, soit dans un mortier avec un pilon. En cet état, on la vannera en la faisant sauter en l'air sur une assiette, ou en la transvidant d'une main dans l'autre, et soufflant dessus, afin de la purger de toutes les parcelles d'écorce qui s'y trouvent.

2.° On ajoutera trois échaudés bien secs, écrasés, réduits en poudre, et purgés des petites croûtes qui se trouveront parmi.

3.° On ajoutera encore à cela un biscuit d'un sou, également réduit en poudre: et formant un mélange exact de toutes ces poudres, on les mettra dans une boîte de chêne neuve, à l'abri du soleil; et quand on aura besoin de faire de la pâte pour les serins, on prendra une cuillerée ou plus de ce mélange, auquel on joindra un peu de jaune d'œuf, en mouil lant le tout avec quelques gouttes d'eau.

Il ne faudra pas faire de cette poudre pour plus de quinze jours, parce qu'au bout de ce temps, ou dix-huit jours au plus tard, dans les temps froids, la navette pilée pourrait contracter un goût de moutarde qui est très-nuisible aux jeunes serins; alors donc, ce qui restera de cette poudre pourra sans aucun inconvénient être donné à sec au père et à la mère, qui la mangeront ainsi avec le plus grand plaisir.

Voici la deuxième manière et aussi la meilleure de faire la pâte pour les serins.

Pendant les trois premiers jours qu'on donnera la becquée aux serins, on composera leur pâte ainsi qu'il suit :

Une moitié d'échaudé, dont la première croûte sera ôtée, à cause de sa dureté et surtout à cause de son amertume.

Un très-petit morceau de biscuit bien dur, afin de le pouvoir réduire en poudre, pour ensuite y joindre une moitié de jaune d'œuf, ou si l'œuf est bien frais, un quart de l'œuf blanc et jaune, car alors le blanc se délayera très-bien et rend la nourriture moins échauffante qu'avec le jaune seul. -- On humectera, comme ci-dessus, avec un peu d'eau, observant de ne pas rendre la pâte trop liquide, parce que cela ne nourrit pas aussi bien les élèves, et même étant continué, les relâche, et leur fait un très-mauvais tempérament.

Après les trois premiers jours, les petits élèves seront un peu plus forts, et l'on ajoutera au composé ci-dessus, une pincée de navette qui aura fait un bouillon ou deux dans de l'eau, et rincée à l'eau fraîche. -- Tous les deux ou trois jours, on leur mettra une amande douce bien pilée ou écrasée, et si les petits oiseaux étaient échauffés, on mettrait, au lieu d'amande, une pincée de graine de mouron verd.

Dans les grandes chaleurs, il faudra que ce composé soit renouvelé deux fois dans la journée, car tout ce qui entre dedans est sujet à s'aigrir

S'il arrive que quelques-uns des petits

tombent malades, on mettra dans cette pâte du lait de chenevis au lieu d'eau pure, voilà comment on fait le lait de chenevis :

On prend une poignée de chenevis qu'on lave d'abord avec soin, puis on l'écrase dans un mortier, en ajoutant quelques gouttes d'eau l'une après l'autre, on continuera à en mettre au fur et mesure que la graine s'écrasera, jusqu'à ce que cela fasse un lait que l'on passera au travers d'un linge pour s'en servir selon l'indication ci-dessus.

Ce composé nourrit et échauffe les serins, et redonnant du ton à leur estomac, rappelle bientôt leur appétit et leur santé ; mais il ne faut pas employer ce moyen sans quelque nécessité.

Des heures qu'il faut soigneusement observer pour donner la becquée aux jeunes Serins.

Si le régime convient aux hommes, même les plus robustes, pour prolonger leur existence, on doit croire et nous sommes assurés que, sans comparaison cependant, il est au moins aussi nécessaire à toutes sortes d'animaux, et surtout à l'espèce intéressante qui fait le sujet de notre ouvrage. Or, il faudra pour faire de beaux élèves à la brochette, s'assujettir aux heures suivantes pour leur donner la becquée.

1.re fois le matin à 6 heures et demie.
2.e fois à 8 heures.
3.e fois à 9 heures et demie.
4.e fois à 11 heures.
5.e fois à midi et demi.

6.e fois à 2 heures.

7.e fois à 3 heures et demie.

8.e fois à 5 heures.

9.e fois à 6 heures et demie.

10.e fois à huit heures.

11.e et dernière fois à 8 heures trois quarts.

Cette dernière fois, on ne leur donnera que légèrement, et comme souvent à cette même heure ils reposent, on ne leur donnera pas du tout ; car il ne faut pas les déranger. Avec un peu d'attention on n'intervertira pas l'ordre ci-dessus, et l'on verra avec plaisir que sur dix couvées de serins, on n'en perdra peut-être aucun, tandis que les élevant sans règle, pas une seule couvée peut-être ne réussira complètement.

La forme de la brochette est quelque chose d'assez important, mais nous supposons à chacun toute l'intelligence nécessaire pour en confectionner sans notre avis; cependant, afin de donner une mesure pour la nourriture à donner à chaque fois aux jeunes serins, il faut bien que nous établissions une base et la voici :

La brochette devra représenter, tant bien que mal, une petite pelle en forme de cœur, dont la pointe devra être arrondie et ne devra pas porter plus de quatre lignes dans sa longueur, et trois lignes dans sa plus grande largeur. Du reste, il faudra que le bois soit aminci le plus possible, et bien uni.

Quatre becquées de cette brochette sont autant qu'il en faut à chaque oiseau; et à chaque fois qu'on leur donnera à manger, il ne faudra pas s'inquiéter s'ils ouvrent encore le bec, car ils l'ouvriraient jusqu'à ce qu'ils soient étouffés.

Quand ces serins auront vingt-trois à vingt-quatre jours, ils devront commencer à manger seuls; alors il faudra cesser de leur donner la becquée, excepté aux variétés jonquille et agathe, qui auront besoin de soins plus particuliers jusqu'à trente jours, et encore ne doit-on pas les abandonner à eux-mêmes, car s'il survient un orage qui rafraîchisse la tempéparature, c'en est assez pour les rendre paresseux, et ils ne mangeraient pas leur suffisance.

Quand on sera convaincu qu'ils mangent seuls, n'importe le temps et l'espèce, on leur donnera

Du chenevis écrasé,

Du jaune d'œuf dur,

De l'échaudé ou du biscuit bien sec, écrasé ou rapé,

Une pincée de mouron,

Un peu de réglisse nouvelle dans leur boisson (1).

Quand enfin l'on sera assuré qu'ils peuvent se suffire à eux-mêmes, on leur

(1) Tout cela à part dans un petit vase séparé.

donnera la nourriture réglée, comme nous l'avons décrite ci-devant, page 54.

Après avoir indiqué les diverses nourritures, véritablement excellentes pour l'espèce du serin, nous ajouterons que ce petit oiseau s'habitue facilement à toutes sortes de nourritures, et que le plus important pour son tempérament, c'est de ne pas en essayer plusieurs : une fois qu'une nourriture est adoptée on doit s'y tenir. Cependant on ne devra pas faire comme M. le chevalier D***, qui, tous les matins en déjeûnant à la fourchette, se plaisait à enivrer un jeune serin qu'il avait élevé : il lui brûla les intestins, et au bout de sept mois la pauvre petite victime de ce jeu, périt dans un état d'étisie, qui causa bien des regrets au chevalier!...

Du temps et de la manière de procéder à l'instruction des Serins.

Le temps où l'on doit séparer les serins pour les instruire, est douze ou quinze jours après qu'ils mangent seuls. Quelquefois il faut devancer ce temps, c'est lorsqu'ils commencent à gazouiller, ce qui annonce un mâle et une bonne santé dans l'individu qui donne ces marques de précocité. -- Dès-lors il faut le séparer des autres, le mettre dans une cage couverte d'une toile fort claire, et l'éloigner des autres oiseaux, quels qu'ils soient, en sorte qu'il ne puisse ni les voir ni les entendre s'il se peut.

Le petit écolier sera laissé sous cette toile environ quinze jours, pendant lequel temps on lui jouera quatre ou cinq fois par jour, mais surtout le matin et le soir l'air de serinette que l'on aura adopté, le répétant cinq ou six fois à chaque leçon ; et si l'on veut lui apprendre à parler, il faudra lui dire ce qu'on veut qu'il aprenne entre chaque air de serinette, ayant soin de toujours répéter la même chose, et toujours les mots dans le même ordre.

Au bout de la quinzaine, la toile claire sera remplacée par une serge verte un peu épaisse, et l'élève restera ainsi jusqu'à ce qu'il sache parfaitement ce qu'on lui veut apprendre.

Pour l'ordinaire on doit borner la science des serins à chanter deux ou trois airs de serinette au plus ; il y en a qui en apprennent davantage, mais ils les chantent rarement bien tous. D'ailleurs, chez les serins comme chez toutes les espèces d'animaux, on rencontre des sujets qui ont plus ou moins de moyens. Aussi rencontrera-t-on des serins qui pourraient apprendre quatre et cinq airs : nous en avons vu un qui chantait très-distinctement cinq airs de serinette, parlait passablement, et exécutait plusieurs gentillesses qu'on lui avait apprises; mais pour réussir à posséder un serin comme celui-là, il faut faire des épreuves qui exposent à perdre le fruit des premières peines, car on ne doit passer au second air que quand ils savent bien le premier, et si l'on échoue tout est perdu, ils ne chanteront plus purement le premier air, ils mêleront toujours quelque chose du second, ce qui, avec leur ramage naturel, fera un *galimathias* à ne plus rien reconnaître.

Cependant on pourra espérer de réussir quand on possédera un sujet précoce; il y en a qui, au bout de six semaines ou deux mois, chantent très-exactement leur air; ceux-là doivent nécessairement avoir une mémoire heureuse; mais d'autres auront bien de la peine à apprendre leur premier air en cinq ou six mois, pour ceux-ci: il faudrait une trop forte dose de patience pour leur en apprendre plusieurs. D'ailleurs, on n'y réussirait pas, ils périraient eux-mêmes d'ennui d'être si long-temps sous la toile.

Quand les serins sont ainsi sous la serge ou sous la toile, on ne doit leur donner à manger que le soir à la lumière, et leur mettre assez pour deux jours, afin de ne les déranger que le moins possible.

Les meilleurs serins pour apprendre, sont ordinairement les serins gris, queue blanche ; les panachés tout recherchés qu'ils sont, sont toujours plus faibles de tempérament, de voix et de mémoire : il y a compensation en toutes choses.

On peut instruire plusieurs serins dans la même chambre, mais non dans la même cage ; aussitôt la leçon finie, on doit s'empresser de les séparer et les reporter chacun dans une chambre séparée, où ils ne puissent ni se voir ni s'entendre, et ne prendre aucune distraction.

Des maladies et accidens auxquels les Serins sont exposés.

Remède universel pour les Serins, et qu'on peut leur administrer toutes les fois que quelque chose d'extraordinaire leur arrive.

LORSQUE l'on s'aperçoit qu'un serin est incommodé, n'importe la cause, on doit aussitôt le prendre dans la main (1), lui souffler un peu de vin blanc sur le corps et sous les ailes, l'exposer au soleil ou

(1) On devra préalablement, quelle que soit la saison, mais surtout en hiver, faire chauffer ses mains, soit au feu d'une cheminée, soit au-dessus d'un fourneau bien allumé, afin que le charbon soit dégagé de son gaz, qui, s'attachant aux mains, incommoderait encore plus le serin; soit enfin à la flamme d'une feuille de papier allumée. C'est une précaution indispensable, et qui négligée, exposerait la vie du petit animal.

à une chaleur douce pour le sécher, et après cela, s'il vient à se déclarer une maladie vraiment grave, on tâchera d'en découvrir les signes, et l'on gouvernera le sujet selon ce qui sera dit aux articles suivans, où il sera traité de chaque maladie en particulier.

Quant au remède que nous venons d'indiquer, il doit toujours être employé sans crainte, soit comme préparatoire, soit comme préservatif de grandes maladies, ou comme résolutif dans les maladies légères (1).

---

(1) D'ailleurs, dans tous les cas où ce remède sera nécessaire, nous l'indiquerons ainsi : *Remède universel.*

Serins bouffis ou maussades.

Il y a des serins que rien ne peut égayer, et qui, sans être malades, restent toujours à la même place, et font en quelque sorte un effort quand il faut qu'ils mangent.

La bonne nourriture, les bons soins, l'agréable exposition, rien ne fait sur eux. Ces serins, sans cesse ramassés dans leurs plumes (ce que nous nommons bouffis), ne peuvent jamais procurer de satisfaction : ils apprennent mal, oublient, ou n'apprennent pas du tout ce qu'on veut leur montrer. Pour en obtenir quelque chose, il faut nécessairement les mettre avec d'autres serins, dont la vivacité et l'ardeur à chanter entraîne le serin maussade malgré lui ; la pétulance des autres le force à se remuer : peu à peu il se met en train, et finit par s'égayer et chanter.

Mais si vous lui ôtez son *moniteur*, vous lui ôtez la voix, de sorte qu'on ne peut guère mettre ces boudeurs en ménage, non plus que les suivans, dont il va être parlé. Ces serins, loin d'égayer leurs femelles, les laisseraient s'épuiser d'ennui et de besoin sur leur nid.

Serins malpropres.

Les serins dont nous venons de parler à l'article précédent, ne sont point seulement paresseux à chanter, à manger, et à se donner du mouvement : souvent leur indolence va jusqu'à se laisser inonder des ordures des autres serins qui sont avec eux, et à se salir même de la leur. Leurs pattes sont toujours embarrassées de saletés, leur queue et leurs ailes mouillées, sales et traînantes.

Pour tâcher de leur donner le goût de la propreté, il faut, de temps en temps, les nettoyer dans de l'eau que l'on aura fait tiédir.

On leur baignera les pattes, afin d'ôter les tampons d'ordure qui y sont attachés; sans cela, leurs ergots tomberaient, et ils ne pourraient plus percher sur leurs bâtons.

Quand on en sera à la queue ou à toute autre partie couverte de plumes, on ajoutera à l'eau toujours tiède, au moins un tiers de vin blanc ou quelques gouttes d'eau-de-vie, afin de donner à l'eau un certain degré de spiritueux qui la fasse sécher plus promptement.

Comme tout ceci demande un peu de temps, il faudra se réchauffer les mains, et pendant ce temps, on donnera du repos à l'oiseau, en le remettant dans une petite cage bien garnie de petit foin bien fin.

Serins méchans.

Il y a des serins si méchans qu'ils tuent leurs femelles. Il faudrait bien les retirer du ménage; mais quand on préférera les morigéner, il faudra (sachant leur âge) leur donner une femelle plus vielle qu'eux d'un an ou deux, ou encore donner deux femelles à ces méchans mâles; mais il faudrait qu'auparavant ces femelles eussent habité ensemble au moins six semaines, afin que, se connaissant bien, elles ne soient pas jalouses l'une de l'autre.

Il y a d'autres serins qui n'ont pas de plus grand plaisir que de casser les œufs à mesure que la femelle les pond. -- Les œufs d'ivoire ou de bois, si l'on suit notre instruction (note de la page 51), seront très-propres à les rebuter quand ils voudront y essayer et l'habitude ou l'envie leur en passera.

D'autres encore attendent que les petits soient éclos, et les prenant au bout de leur bec, ils les traînent impitoyablement par toute la cage jusqu'à ce qu'ils soient morts.

Ces serins-là, sont ou trop ardens après leur femelle, ou sont jaloux l'un et l'autre, et ils ont la barbarie de tuer leurs petits pour que la mère soit plutôt toute à eux.

Il faut encore deux femelles à ces méchans mâles et toujours vaudrait-il mieux ne pas leur en donner du tout.

Serins farouches.

Comme tout le monde n'a pas le temps, ou la patience d'élever par soi-même des serins, et que par mille autres causes encore, on peut avoir un serin farouche, et que même encore, sans que l'oiseau soit farouche, dans un moment d'impatience ou de distraction, on peut vouloir prendre un serin trop brusquement, il peut résulter de toutes ces causes, sans compter que l'oiseau peut tomber avec sa cage, ou peut être effrayé par quelque chose, il peut résulter, disons-nous, une indisposition *que nous nommerons le Tic.*

Diverses causes encore, mais, principalement celles que nous venons d'indiquer, exposent les serins à avoir une aile ou une pate rompue, c'est ce que d'après HERVIEUX nous appellerons serins *éclamés.*

On peut, en partie, prévenir ces funestes accidens en ne touchant les serins, ou ne les approchant qu'après s'être annoncé à eux en leur parlant de loin, et en leur montrant la main, avant de chercher à les prendre dans leur cage. Quant aux accidens qui peuvent résulter de ce manque de précaution, nous en traiterons particulièrement aux articles suivans: *Tic des serins*, et *Serins éclamés*.

Tic des serins.

On s'aperçoit qu'un serin est attaqué du tic, lorsqu'on l'entend comme tousser et produire un bruit semblable à celui d'une pendule. Souvent il jette quelques gouttes de sang par le bec qu'il tient entr'ouvert, et il tombe pâmé dans sa cage ou dans la main et ne pouvant plus remuer ses ailes.

Il faut le remettre promptement dans sa cage, que l'on aura garnie de mousse ou de petit foin bien fin, et que l'on couvrira d'une toile claire. En cet état, le malade sera porté dans un lieu où il ne soit pas tourmenté ; son boire et son manger seront mis dans le bas de sa cage à sa portée, et après en avoir retiré tous les bâtons.

Il y a du danger pour la vie du serin pendant vingt-quatre heures ; au bout de ce temps, on peut le regarder comme sauvé ; mais il faut encore beaucoup de précaution.

Bonne nourriture.

Boisson sucrée avec la réglisse.

Mouron ou laitue suivant la saison.

Serins éclamés.

QUAND un serin aura une aile ou une patte cassée, ce que nous appelons être éclamé; on le mettra dans une petite cage. Comme ci-dessus: boire et manger ordinaire. Il ne faut pas lier la patte ou l'aile éclamée; les membres de ces petits animaux sont si délicats, que les éclisses et les ligatures produiraient une inflammation pire que le mal; car, l'oiseau étant libre, ainsi que nous l'avons dit; on peut attendre plus de la nature que de toute autre chose.

S'il arrivait que le bris, au lieu d'être seulement interne se manifestât aussi extérieurement, comme quand c'est une patte ou une aile écrasée, qu'enfin la peau est rompue en partie et que la chair est au vif; il faut avoir le courage de séparer la partie traînante en la coupant avec une bonne paire de ciseaux.

On aura préparé une soucoupe pleine de poudre de Licopode (avec quoi on guérit les coupures des jeunes enfans réplets), et l'on trempera la partie saignante dans cette poudre, pour arrêter le sang, et la guérison suivra.

Nourriture et boisson ordinaire; grands soins de propreté.

Serins mâles en ménage. Accidens qui les menacent.

SOUVENT, sur une paire de serins, on voit le mâle tomber malade tout à coup. Employez *le remède universel*. Pour l'ordinaire, ce remède lui rendra la santé, à moins que l'indisposition ne vienne des deux causes suivantes.

C'est qu'il aura mangé en trop grande quantité des nourritures succulentes, qu'on est obligé de leur donner quand ils ont des petits ; ou bien c'est que le sujet se sera trop échauffé après sa femelle.

A la première cause, qui provient de gourmandise, le remède est quatre ou cinq jours de diète. Pendant ce temps, le malade sera mis dans une cage particulière que l'on accrochera à un clou près de celle de sa femelle, et on ne lui donnera pour nourriture que de la navette, et ensuite on le rendra à sa femelle.

Quant à la seconde cause, qui est aussi un échauffement, mais produit par une autre cause; le remède est, huit jours de séparation comme ci-dessus; mais rien ne change dans la nourriture ordinaire, et pour boisson, une petite addition de réglisse à l'eau qu'on lui met.

Serins femelles en ménage, accidens qui les menacent.

Ce que nous venons de dire relativement aux serins mâles, peut, en bien des cas, s'appliquer aux serins femelles; de plus celles-ci sont menacées de beaucoup d'autres accidens dont nous allons parler.

Nous commencerons par inviter les personnes qui ont plusieurs serins appariés, de tâcher que leurs femelles commencent à couver toutes en même temps.

1.° Parce que ce ne sera qu'un seul travail pour la nourriture, qui se trouvera être la même pour chaque ménage, en augmentant seulement la quantité à partager.

2.° -- Par rapport à ce que, si une serine vient à tomber malade, n'importe en quel temps, on pourra lui reprendre soit ses œufs, soit ses petits, et les partager entre les autres mères qui leur donneront les mêmes soins qu'aux leurs ; et la serine malade pourra prendre du repos, ce qui ne pourrait se faire s'il en était autrement que nous l'indiquons.

Si l'on n'a qu'un seul couple et que l'on s'aperçoive que la mère est trop fatiguée, on pourra pourtant encore la soulager en lui prenant de bonne heure ses petits, pour les élever à la brochette.

Si enfin, l'on ne veut pas s'assujettir à élever soi-même les petits, il faudra chercher à adoucir autant que possible le mal de la mère. A cet effet, comme le mal le plus ordinaire à une couveuse, c'est l'échauffement, on pourra attacher dans sa cage, près de son panier et à sa portée, une petite botte de mouron ; et outre ce que le mâle pourra lui porter, elle ne laissera pas d'en becqueter de temps en temps pour se distraire, et cela lui fera le plus grand bien. Si l'on pouvait aussi mettre à sa portée du pain bien trempé dans l'eau, cela est très-raffraichissant, et les serins en mangent avec plaisir. D'ailleurs, on verra à l'article, *Echauffement des serins*, tout ce qu'on peut faire dans ce cas.

Ponte difficile.

QUAND les serins sont accouplés, il arrive quelquefois que la femelle devient tout-à-coup bouffie, et souvent même tombe renversée sur le sable de sa cage; c'est la ponte qui ne peut s'opérer; alors on doit faire chauffer ses mains, pour les raisons que nous avons expliquées, page 73; prendre la petite bête souffrante, et avec les barbes d'une plume, ou tout autre chose, il faut lui mettre quelques gouttes d'huile (1) à l'anus; cela fait dilater les pores et l'œuf sort plus facilement. Au reste, si le mal continuait, on lui ferait avaler quelques gouttes de cette même huile, ce qui apaisera presqu'aussitôt les tranchées qu'elle ressent.

---

(1) Toute huile à manger est bonne, mais l'huile d'amande douce est à préférer.

Un quart d'heure après que l'œuf sera pondu, la serine redeviendra gaie et vive comme auparavant; mais si l'on voyait que passé une demi-heure, elle ne fût pas mieux, quoique l'œuf fût pondu, il faudrait faire usage du *remède universel*, ce qui ne tarderait pas à la remettre sur pied. D'ailleurs, tant que la malade souffrira, il faudra la mettre dans une petite cage bien garnie de petit foin ou de mousse; l'exposer au soleil s'il en fait, ou près du feu à une chaleur douce, s'il ne fait pas de soleil.

Si le remède universel n'opérait pas assez vîte, on peut en accélérer l'effet en faisant avaler à la malade un peu d'eau tiède, dans laquelle on aura fait fondre un peu de sucre candi ou autre à défaut de celui-là.

Serines sujettes aux sueurs.

Il y a des serines qui, en couvant, sont sujettes à suer sur leurs œufs ou sur leurs petits. Dans le premier cas il n'y a de danger que pour elles, par ce qu'étant en transpiration, le moindre coup d'air peut leur être funeste. Mais dans le second cas, c'est-à-dire quand elles suent sur leurs petits, il y a double danger, en ce que cette disposition à suer expose et la mère et les petits sous plusieurs rapports.

On connaîtra facilement qu'une serine est sujette à cette maladie, car les plumes de dessous le ventre sont toutes trempées de cette sueur, ce qui est on ne peut plus préjudiciable aux petits qui risquent souvent d'en être étouffés.

Mais pour le moins, on doit s'attendre

à ne voir pousser que très-difficilement leur duvet.

La cause de cette sueur provient de la faiblesse de constitution et de la grande chaleur de la mère. Cette grande chaleur ne peut se combattre sans courir de grands risques. La seule chose à observer, c'est de ménager ces serines-là: et quant aux effets, voilà comme on devra s'y prendre pour y remédier en partie, si l'on ne peut les empècher entièrement (1).

---

(1) Hervieux nous indique le moyen suivant :
« Mettre une pincée de sel dans un verre d'eau fraîche ;
» et quand le sel sera bien fondu, laver avec cette eau
» salée le ventre de la serine : ensuite la laver à l'eau pure
» pour ôter la salaison, et ensuite mettre la malade dans
» une petite cage exposée au soleil ou devant le feu, pour
» sécher ses plumes et la rendre ensuite à ses petits.
» Nous donnons ici le remède d'Hervieux, parce que
» tout ce qu'il dit fait autorité. Cependant nous ne voyons
» pas quel fruit on peut espérer de ce remède.
» D'abord la serine, dont tous les pores sont ouverts,
» sera en danger d'être saisie par cette eau froide. Nous
» voyons très-bien que l'eau salée doit faire refermer les
» pores ; mais c'est un corrosif, et que, quoique neutralisé

Le remède que nous indiquerons, certes coûtera quelques souffrances à l'oiseau, mais moindres que celles produites par l'eau salée qu'indique Hervieux ; cependant l'effet attendu, qui est le raffermissement des chairs et de la peau, sera une suite certaine des soins que l'on aura pris. Nous avouerons pourtant que, généralement, tous les remèdes que l'on pourra employer à ce sujet, auront toujours quelques chances de danger ; parce que la sueur, n'importe la cause qui

» par sa dissolution dans l'eau, il n'en produira pas moins
» des cuissons très-fortes au petit animal, et cette souf-
» france même n'a pas de véritable but, puisque l'eau
» pure, dont on doit faire usage ensuite, enlevant tout
» le corrosif (et c'est l'intention de M. Hervieux), l'effet
» qu'on en attendait est en partie détruit. C'est comme
» si après avoir lavé avec l'eau salée une coupure, soit
» au doigt, soit à toute autre partie du corps, quand le
» sang est arrêté, on lavait le mal avec de l'eau fraîche,
» on verrait aussitôt le sang reparaître ; mais loin de là,
» pour attendre la guérison, on applique une compresse
» de cette eau salée, ce qui semble être en opposition
» avec l'idée de M. Hervieux. »

la produit, est sujette à se répercuter, c'est-à-dire, à se rejeter sur une autre partie que celle où naturellement elle avait établi son siége.

Cependant, la crainte d'un mal certain devant l'emporter sur la crainte d'un mal douteux, nous allons donner notre remède contre la sueur, pour ceux qui voudront l'utiliser :

On mettra égale quantité d'eau tiède et d'eau-de-vie dans une soucoupe ou dans une assiette, et l'on baignera le ventre de la malade pendant un dixaine de minutes, à deux reprises.

Le lendemain on réitérera le même bain, mais en ne coupant l'eau-de-vie que d'un tiers d'eau tiède-chaude; et le surlendemain, on mettra l'eau-de-vie pure, mais tiédie sans fumer, par l'assiette qu'on aura fait chauffer avant de la verser dedans.

Deux ou trois bains d'eau-de-vie pure,

joints aux deux précédens d'eau-de-vie coupée, devront être suffisans pour redonner aux pores et à la peau le ton qui leur est propre.

Mue des Serins.

LA mue fait autant de ravage sur les serins que la dentition en fait sur les enfans. Cependant, quand l'automne est beau et doux, cette cruelle maladie n'est pas aussi désastreuse que lorsqu'il fait froid et humide ; alors les serins sont pendant l'espace de deux mois et quelquefois davantage tout bouffis, mélancoliques, endormis, et la tête sans cesse cachée dans leurs plumes. Quand à tous ces signes se joint la chute du duvet pour la première année, et la chute des grosses plumes de la queue et des ailes, pour la seconde année et les suivantes, on peut être assuré que c'est la mue ; mais sans cela, il faut bien étudier le mal qui, s'il n'est pas accompagné de ces indices, peut être le commencement de toute autre maladie.

Quand on sera assuré que c'est la mue, ce qu'on pourra encore reconnaître à l'époque où cela arrive, qui est pour la première fois, cinq ou six semaines après qu'ils sont nés; on mettra le malade au soleil, ou dans un endroit chaud, à l'abri du vent: le moindre froid, dans ces momens là, pouvant causer la mort. Cependant tout le temps que durera la mue, on mettra dans un petit pot de la graine de *talitron* ou argentine, mêlée avec un peu de graine d'œillette; le lendemain ou surlendemain on changera cette nourriture, en la remplaçant par un peu de biscuit ou échaudé écrasé, purgé des petites croûtes, et à côté, dans un autre petit pot, de l'échaudé ou biscuit trempé dans du vin blanc. Si le malade mange de cette dernière pâtée, ce sera un grand bien: il faudra alterner cette nourriture de façon à ce qu'il ne puisse pas s'en rassasier, et que par le changement de deux en deux jours, elle puisse toujours le flatter: cela n'empêchera pas la nourriture ordinaire.

Tous les jours on devra aussi souffler quelques gouttes de vin blanc sur le corps du malade, et le faire sécher, soit au soleil, soit devant un feu doux. S'il tombait bien malade, il faudrait lui administrer tous les jours le *remède universel*, et ajouter à sa boisson un peu de réglisse. Si l'on était sans espoir, il faudrait abandonner les remèdes, mais point le malade; au contraire, on devrait lui donner tout ce qui pourrait le flatter, œuf dur, blanc et jaune, échaudé, (point de biscuit qui est trop échauffant) graine de laitue, chenevis écrasé, de l'alpiste et du millet blanchi à deux bouillons, et attendre le reste de la nature qui souvent opère mieux que nous.

Bouton des Serins.

Les serins deviennent malades d'un abcès qui se forme sur leur croupion, et que l'on appelle le *bouton*. Il faut tâcher de s'en rapporter encore à la nature, c'est-à-dire, laisser les serins le percer eux-mêmes d'un coup de bec qu'ils donnent à cet abcès lorsqu'il est à maturité; mais si l'oiseau n'était point assez courageux ou adroit pour se faire l'opération lui-même, il faudrait le prendre dans les mains, avec les précautions que nous avons indiquées précédemment, et avec une paire de ciseaux bien fins, enlever la moitié du bouton lorsqu'il est blanc. Il faut presser la plaie pour en enlever toute l'humeur, et appliquer dessus le mal, qui se trouve au vif, un grain de sel que que l'on aura fait fondre dans la bouche.

Un peu de sucre fondu également dans la bouche, remplirait presque l'intention, et ferait moins de mal que le sel ; mais son action moins violente est aussi plus douteuse.

Pépie des Serins.

Les serins sont sujets à une espèce de chancre qui leur vient dans le bec, et que l'on assimile à la pépie des poules. Quoique la dénomination de pépie soit fausse, nous adopterons pourtant ce mot, qui est celui reçu parmi les dames amatrices (1), pour qui nous écrivons. Ce mal qui provient toujours d'un grand échauffement, ne peut être guéri que par des choses qui puissentrafraichir les entrailles des serins attaqués ; ainsi donc, en mettant dans la boisson du malade une pincée de graine de melon, et pour manger de la graine de laitue et du mouron, en cinq ou six jours on lui rendra la santé.

---

(1) Cette expression est autorisée par J. J. Rousseau et le vocabulaire français.

Serins échauffés.

Il y a encore une sorte d'échauffement qui ne se manifeste pas à l'extérieur : cependant les signes en sont faciles à saisir: c'est quand les serins ont peine à rendre leurs excrémens, qu'on les voit donner deux ou trois coups de queue avant et après avoir satisfait aux besoins naturels, et que ce qu'ils rendent est clair et quelquefois sanguinolent: dans ce cas, le traitement précédent convient encore; mais voilà ce que nous indiquerons en cette occasion, lequel peut servir en toute espèce d'échauffement, même encore pour celui qui se déclare par la pépie ou chancre. On ôtera au malade sa graine blanche comme alpiste, millet, et même le chenevis; on ne lui donnera pendant douze à quinze jours que de la navette, de la graine de laitue, du mouron ou du seneçon, si le temps permet de s'en procurer de bien mûr. Les feuilles de raves leur sont bonnes aussi, mais il ne faut pas que ce soit de la rave hâtive, venue sur couches et sous cloche, il faut qu'elle vaille un sou la botte, le bas prix fait ici la qualité de l'objet.

Serins galeux, ou gale jaune sur la tête.

Les serins sont sujets à une gale jaune qui leur vient sur la tète, ou quelquefois qui se jette autour de leurs yeux. Ceci demande encore une nourriture rafraîchissante ; et outre cela, lorsque le mal n'a pas fait trop de progrès, il faut, avec des ciseaux, faire une petite incision à la place, pour en faire sortir l'humeur ; ensuite on appliquera sur l'incision une goutte d'huile d'amande douce, ou du saindoux, ou de la graisse de volaille crue. A défaut de tout cela, on emploiera du beure frais. Si le mal était trop grave, que la gale enfin soit aussi grosse qu'une lentille, ce qu'on ne doit pas attendre, on ne pourrait plus guère lutter contre, que par les soins de propreté, la patience, et toujours ayant soin de ne donner à manger que des choses rafraîchissantes, comme celles indiquées précédemment.

Avalure.

Un mois ou six semaines après que les serins sont nés, ils sont quelquefois victimes d'une maladie que l'on appelle *avalure*. Cette cruelle maladie, à laquelle les soins et les remèdes ne servent le plus souvent que de prolongation à la vie de l'animal, se reconnaît aux signes suivans: le malade devient en peu de temps très-maigre, le ventre est très-gros, fort dur et couvert de petites veines rouges, signes d'une grande inflammation intérieure; tous les boyaux se rassemblent à l'extrémité du corps près de l'anus, et en bouchent le conduit, voilà les signes. Quant aux causes, elles proviennent encore d'échauffement: c'est presque toujours pour leur avoir donné des nourritures trop succulentes, lorsqu'on les nourrissait à la brochette. L'excès de sucre ou de biscuit dans leurs pâtes, est le premier reproche qu'on peut se faire, malgré que souvent on ait commis cette faute par trop d'amour pour eux; c'est ainsi que le singe étouffa son fils. Les causes peuvent bien venir aussi du malade, qui gourmand par tempérament, au sortir des mains qui l'ont nourri, tout fier d'être delivré du régime, mange en trop grande quantité de certaines choses qu'on met à sa discrétion.

Or, après la description des signes, et une explication des causes, nous allons donner les remèdes pour combattre les effets.

1re RECETTE.

On prendra gros comme un pois d'alun, que l'on fera dissoudre dans l'eau destinée à la boisson du malade : cette eau sera changée tous les jours et continuée pendant cinq à six jours.

2e Recette.

On mettra dans la boisson du malade un clou neuf : cette eau ne sera changée que deux fois la semaine, en y laissant toujours le même clou ; ceci devra être continué deux semaines au plus.

3e Recette.

Le soir, on ôtera l'eau ou boisson ordinaire du malade et on la remplacera par de l'eau salée; le lendemain matin, l'oiseau en s'éveillant, ira boire quelques gouttes de cette eau: quand il en aura bu deux ou trois fois dans la matinée, on lui ôtera l'eau salée pour lui remettre sa boisson habituelle ; ceci continué pendant cinq ou six jours, purgera le malade et doit le rendre à son état naturel.

4e Recette.

On ôtera sa graine ordinaire, et on la remplacera par du lait bouilli avec de la mie de pain en égale quantité ; on lui mettra de la graine d'alpiste aussi bouillie, mais à part, dans un petit pot ; tout cela le matin, pendant quatre ou cinq jours ; mais dans l'après-midi on lui remettra la graine ordinaire.

Après les quatre ou cinq jours que nous venons de recommander, pendant trois autres jours on tâchera, le matin, de devancer le réveil du malade, afin de jeter dans son eau gros comme la moitié d'une lentille de thériaque ; il faudra guetter le malade, et quand il aura bu une fois ou deux de cette eau, on lui retirera, on jettera le restant, et on remplacera par de l'eau pure. Avec cela on donnera la nourriture suivante :

Une pincée de Millet,

Une pincée de graine d'alpiste ,

Une demi-pincée de navette et quelque peu de chenevis.

Faire bouillir tout cela un bouillon ou deux, et rincer à l'eau fraîche ; joindre à cela le quart d'un œuf dur, blanc et jaune écrasés ensemble , puis un petit morceau de biscuit bien dur, plein un dé de graine de laitue, et autant de graine d'œillette ; humecter le tout avec un peu d'eau pour en faire une pâte qu'on donnera au serin malade.

Cette pâte qui doit être continuée tout le temps de la maladie, coûtera quelque peine , mais aussi c'est la recette la plus efficace que nous connaissions après la suivante , nous l'avons prise d'Hervieux , qui, de son côté, la doit à une personne de grande distinction et d'un rare mérite, qui , dit-il, l'a pratiquée plusieurs fois.

Aussitôt qu'on s'apercevra que l'oiseau est avalé , outre le remède ci-dessus , ou tout autre qu'on voudra adopter de préférence, on devra le prendre et lui tremper le ventre et le derrière dans de bon lait tiède, assez long-temps, et de façon que cela puisse pénétrer la peau: un demi quart d'heure sera suffisant; on le lavera avec de l'eau pure tiède, afin d'ôter tout le lait qui collerait les plumes ensemble; on fait chauffer un linge bien fin, on essuie tout le corps du malade qui est un peu agité, on le remet dans une petite cage garnie de mousse ou de petit foin, et on l'expose au soleil ou à une chaleur douce, pour le faire sécher.

L'oiseau étant bien sec et tranquille, on le remet dans sa cage habituelle, en lui donnant force graine de laitue. Si le mal n'est pas trop pressant il faut laisser un jour d'intervalle d'un bain à l'autre. Ce remède doit être exécuté trois ou quatre fois, en lui donnant pour verdure quelques feuilles de chicorée.

ASTHME.

Serins qui en sont incommodés.

Les serins deviennent asthmatiques ; malgré toutes les recherches que nous ayons pu faire, nous n'avons pu découvrir les causes de cette maladie interne ; mais le principal est d'en combattre les effets. Or, quand un serin est asthmatique, ce qui se reconnaît à un petit cri qui sort à tout instant de son estomac, on lui donnera souvent de la graine de plantin, et du biscuit dur trempé dans du vin blanc : cela ne peut le guérir, car le mal est incurable, mais au moins on le soulage beaucoup.

Extinction de voix, ou peau cassée.

Les serins sont souvent affectés d'une extinction de voix, qui n'étant pas combattue, pourrait dégénérer en asthme ; c'est ordinairement une suite de la mue. Cette maladie qui les tient près de trois mois sans chanter, est cause de ce qu'on appelle communément *peau cassée*, et qui est réellement une extinction de voix. Cette incommodité, traitée à temps, est fort peu inquiétante : la seule attention à avoir, c'est de les priver de biscuit sec, échaudé et colifichet; on pourra et on devra même leur donner de tout cela, mais trempé dans du vin blanc, ou même dans de l'eau dans laquelle on aura mis de la réglisse nouvelle. Du jaune d'œuf hâché avec de la mie de pain leur est très-bon; et pendant un mois mettre un peu de réglisse nouvelle dans leur eau. En général ceci est produit par un desséchement des poumons, et c'est cette partie que l'on doit chercher à humecter par tous les moyens possibles.

Mal-caduc, ou haut-mal.

Le mal caduc, ou haut-mal, est funeste aux oiseaux qui en sont attaqués : heureusement que cela est aussi rare chez les serins que commun chez les chardonnerets. Comme cette espèce est celle qui s'accouple le plus souvent avec le serin, et que ce dernier est sujet à la même maladie, il ne sera pas déplacé d'indiquer ici les moyens de la combattre, par un traitement qui est le même pour les deux espèces. Quand on verra l'oiseau, incertain de ses mouvemens, devenir bouffi et avoir l'air de chercher quelque chose dans sa cage, enfin paraître embarrassé et ennuyé de lui-même, on sera en droit de croire que l'oiseau ressent quelques atteintes de la maladie que nous avons signalée : on le guettera, et si c'est cela, on le verra tomber dans sa cage tout étendu, les deux pattes en l'air et les yeux renversés. Le remède le plus sûr est de prendre le malade et de lui couper tout de suite, avec de bons ciseaux, l'extrémité des ergots de derrière, d'abord un peu, puis davantage, jusqu'à ce qu'enfin il en sorte quelques gouttes de sang; ensuite on lui lavera les pattes dans de bon vin blanc un peu plus que tiède, et on lui en fera avaler quelques gouttes, mais avec un peu de sucre candi ou autre à défaut: en peu d'heures on verra le petit animal reprendre ses forces et sa gaîté; cela n'empêchera pas d'arroser le malade deux fois la semaine avec du gros vin tiede, pour prévenir une rechute; et soit serin, chardonneret, ou mulet, il faudra renoncer à lui apprendre la serinette, même ne pas le mettre en ménage, et l'en retirer s'il y est, soit mâle ou femelle; d'ailleurs comme c'est un mal héréditaire, on ne serait guère satisfait de posséder des petits atteints de la même incommodité.

Maladie des Serines au printemps.

QUELQUEFOIS on voit les serines devenir bouffies, tristes et inquiètes, il faut essayer de leur donner un compagnon, c'est souvent là le motif de leur mal; alors la guérison est prompte et facile; mais si c'est une serine qui soit en ménage, il faut voir encore si ce n'est pas jalousie, et dans ce cas en éloigner les causes; ou s'il n'y a aucun motif qui puisse faire penser cela, on doit l'étudier, afin de reconnaître d'où vient réellement son indisposition, et y apporter les soulagemens que la nature du mal réclame.

Aveugles.

C'EST un mal bien triste pour ces pauvres petits animaux, et qui, pour l'ordinaire, leur vient de vieillesse. On ne doit pourtant pas les abandonner, leur existence sera pénible, mais avec des soins, ils pourront encore oublier leur malheur, jusqu'au point de chanter, surtout si on les expose au soleil. Il semble que cet astre, par ses rayons bienfaisans, leur rende le bonheur. Si ce sont de jeunes serins, et qui n'aient jamais vu le jour, ils seront moins malheureux, et ayant l'attention de leur mettre le boire et le manger toujours à la même place, et les bâtons scrupuleusement placés de la même manière, on les verra s'habituer à leur cage, aller, venir, boire, manger et chanter comme s'ils possédaient le sens de la vue.

Quelques connaissances qu'il est particulièrement nécessaire de posséder.

Connaissance des bons et des mauvais œufs.

Quand la femelle aura passé six ou sept jours à couver, on prendra les œufs de dessous elle (1), et on les mirera à la chandelle ou au soleil. Si l'on aperçoit qu'ils sont troubles et pesans, c'est un signe qu'ils sont bons et que les petits se forment dedans. Si au contraire ils sont aussi légers et aussi clairs que le premier jour qu'on les a donnés à la femelle, c'est une marque certaine qu'ils

(1) On doit prendre pour les œufs les mêmes précautions que pour les serins, c'est-à-dire, se chauffer les mains avant d'y toucher, ensuite on doit avoir l'attention de ne pas trop les serrer dans les doigts, et surtout de les prendre par les deux bouts, et non par le milieu.

sont mauvais. Alors il est inutile de les laisser à la mère qui se fatiguerait pour rien, et ce temps est autant d'avance sur la couvée suivante, car le petit ménage va tout aussitôt s'occuper d'un nouveau nid.

Connaissance des Serins panachés.

ON connaît que des serins gris, jaunes ou blonds, etc., etc., sont de race de serins panachés.

1° Par quelques plumes blanches qu'ils ont à la queue.

2° Par quelques ergots blancs aux pattes.

3° Par le duvet blanc que l'on aperçoit, en prenant l'oiseau dans la main et lui soufflant sous le ventre et l'estomac.

Ce duvet, facile à distinguer en ce qu'il est d'une autre couleur que les plumes, est plus ou moins épais. Ce qui distingue les serins qui marquent très-peu et que l'on nomme serins au petit duvet, de ceux qui marquent beaucoup, et que l'on nomme serins au grand duvet.

Les trois indications ci-dessus se rencontrent rarement dans le même individu; mais une seule suffit pour être assuré que le serin est issu de race de panachés, au reste il faut observer que ces marques distinctives ne paraissent qu'après la première mue, et observons aussi qu'elles diminuent tous les ans, jusqu'à ce qu'un serin bien constitué vienne relever l'espèce. Souvent même ce serin, sans être sorti de panachés, étant accouplé avec une femelle qui en sort, mais en qui les marques sont éteintes, ce serin, disons-nous, s'il est vigoureux, peut faire revivre l'espèce de la femelle, et produit des petits panachés au bout d'un laps de temps, qui ferait croire qu'on n'en reverrait jamais de cette femelle.

Accouplement avec le Chardonneret.

Le chardonneret (ou tout autre oiseau) que l'on voudra accoupler avec un serin mâle ou femelle, devra toujours avoir été élevé à la brochette, et accoutumé à la même nourriture que le serin avec lequel on veut l'apparier, ou alors on risque la vie de l'un ou de l'autre des deux sujets; car rien n'est plus contraire aux oiseaux que le changement de nourriture, surtout dans le cas de l'accouplement, où la moindre contrariété peut être cause qu'ils ne feront que des œufs clairs, s'il n'arrive encore pis.

Il est de rigueur aussi, lorsque c'est un chardonneret que l'on accouple avec une serine, de lui couper l'extrémité du bec avec de bons ciseaux bien repassés; on ne doit faire cette opération qu'à l'extrême bout du bec et n'enlever que l'épaisseur d'une pièce de *dix sous* ; la raison est, que soit amour, soit colère, quand le chardonneret poursuit la femelle, il lui donne des coups sur la tête, et si la première pointe de son bec n'est pas coupée, il tue sa femelle.

Si au contraire c'est une femelle chardonneret que l'on donne à un serin, la même précaution doit être prise, parce que sans cela la femelle en donnant la becquée à ses petits, leur écorcherait le gosier sans le vouloir, ce qui produirait une inflammation qui les ferait périr.

Durée de la vie d'un Serin.

Un serin bien ménagé, c'est-à-dire, qu'on n'aura jamais mis en ménage, peut vivre jusqu'à vingt-deux ans. Mais il faut que ce soit un serin gris qui est la variété la plus robuste, et encore à cet âge sera-t-il rempli d'infirmités.

Un mâle que l'on met en ménage tous les ans, ne pourra vivre plus de dix ans. Une femelle bien ménagée vivra quinze à dix-huit ans, et mise en ménage tous les ans, ne pourra pas vivre plus de six à sept ans. Ensuite les grands soins que l'on en pourra prendre, tel que de ne les apparier que tous les deux ans, prolongeront de beaucoup leur existence.

Dépense d'un Serin par an.

Un serin peut coûter par an quarante sous ou *deux francs*; s'il est seul; mais si on lui adjoint une compagne, la dépense doublera en y comprenant celle des petits. D'ailleurs voilà le tableau des proportions.

Un serin seul coûtera par an. 2 f.
Deux serins accouplés . . 4 f.
Deux serins mâles ensemble. 3 f. 50 c.
Trois serins. . . . . . . 5 f.
Quatre serins ou deux couples. 6 f. 50 c.

Quatre serins non accouplés. 6 f.
Cinq serins non accouplés . 6 f. 75 c.
Six serins ou trois couples . 9 f.

Passé ce nombre, on doit compter au plus un franc de dépense par chaque serin. Cela peut même, sur un grand nombre, se réduire à soixante-quinze centimes (quinze sous) par chaque serin. Il n'y a guère de plaisir plus innocent et moins onéreux.

Propriétés médicinales des différentes graines qui servent de nourriture aux Serins.

ALPISTE. Cette graine dorée, moins grosse que le millet, mais moitié plus longue et pointue des deux bouts, est la nourriture habituelle des serins aux îles Canaries, où elle est extrêmement commune : elle a la qualité d'engraisser et d'échauffer les serins, et produit sur eux à peu près le même effet que l'avoine sur les chevaux.

Il y a des personnes qui n'en veulent pas donner du tout à leurs serins, parce que, disent-ils, cela leur brûle le corps ; il y en a d'autres qui ne les nourrissent absolument que de cela ; ces personnes ont également tort les unes et les autres, car on ne doit pas dédaigner ce qui est réputé bon à quelque chose, et l'on ne doit pas non plus adopter exclusivement ce qui peut être condamné en certains cas; nous avons dit ci-devant comment et en quelles occasions on pouvait employer l'alpiste: nous y renvoyons nos lecteurs.

Argentine (ou par corruption *talitron*, du latin *thalictrum.*) Sa qualité est de resserrer les serins qui en veulent manger; mais il y en a beaucoup qui n'y touchent pas. Cette graine doit être mêlée par moitié avec de la graine d'œillette pour les serins qui sont dévoyés ou qui jettent du sang; hors de là on ne doit leur en donner que selon nos instructions précédentes.

Hervieux cite cette graine comme un remède certain et efficace contre la fièvre tierce des hommes, qui, dit-il, peut-être guérie en moins de trois jours. Selon lui, on doit prendre le jaune d'un œuf cru, mêler dedans plein un dé à coudre de graine d'argentine ou talitron : et au commencement du frisson le malade avalera ce composé en se tenant bien chaudement dans son lit; cela le fera suer considérablement, et après deux ou trois prises de jour en jour, la fièvre sera enlevée. -- N'ayant point essayé ce remède, ni par nous-mêmes, ni par d'autres, nous ne pouvons garantir la qualité fébrifuge de l'argentine, relativement aux hommes; mais d'après notre expérience, nous pouvons garantir son action efficace sur les serins : c'est une petite graine rouge et très-fine.

Œillette. La bonne graine d'œillette vient de Strasbourg : elle ressemble beaucoup à la graine de pavot, aussi bien que sa tige qui ressemble à la plante. Aussi doit-on se la faire garantir par les marchands, car on peut facilement y être trompé, ce qui est dangereux, car la graine de pavot fait mourir les serins. -- Au reste, la graine de pavot se distingue en ce qu'elle est plus noire que l'œillette, qui tire beaucoup sur le gris.

La graine d'œillette est très-fine, elle a la même qualité que l'argentine à laquelle on l'unit, afin d'engager les serins à manger la première, qui n'a pas, comme l'œillette, un petit goût sucré qui leur plaît.

Chenevis. Le chenevis trop connu pour en donner ici la description, n'est bon pour les serins que pendant les grands froids, étant de sa nature très-échauffant.

Le chenevis est cependant une très-bonne nourriture pour les oiseaux; il les engraisse beaucoup plus que le millet, et l'on pourra en faire un excellent usage, si l'on s'en sert suivant nos instructions précédentes.

Millet. Le millet, un peu moins échauffant que le chenevis, a comme lui la propriété de bien nourrir et engraisser les serins ; cette graine qu'on emploie beaucoup, et que beaucoup de personnes donnent seule à leurs serins, mais n'en est pas meilleure pour cela, et elle doit être mélangée, comme nous l'avons déjà indiqué à l'article des différentes nourritures des serins.

Au reste, le meilleur millet est celui qui est bien blanc et bien plein : il doit venir de l'Anjou, qui est la province où il croît en abondance.

Graine de laitue. La graine de laitue, longue, plate, et d'un gris de perle, est raffraîchissante aussi bien que la feuille de sa plante qui croît dans nos jardins ; nous avons indiqué précédemment les cas où on devait employer l'une et l'autre, dont le principal usage est de purger et faire vider les serins.

Plantin. Le plantin en vert est un excellent régal pour les serins : on peut sans danger en mêler un ou deux épis à leur mouron; mais cette graine étant sèche et extrêmement échauffante, l'on ne doit en donner que très-peu aux serins, et seulement dans le cas et de la manière que nous avons indiqués.

Seneçon et Mouron donnés à contre-temps.

Nous ne saurions trop répéter que le seneçon et le mouron, qui flattent tant l'appétit des serins, peuvent leur être funestes, si on leur en donne avant le printemps; car, pendant l'hiver, ces plantes n'étant nourries que d'eau ou de neige, le soleil n'a pu passer encore dessus, et elles sont dans toute leur crudité.

Les serins à qui on les présente, et

qui ont été long-temps privés de verdure, se jettent dessus avec avidité, et en peu d'heures ils sont victimes de l'ignorance de ceux qui les soignent, car ces plantes, qui ne sont pas mûries par le soleil, leur causent une mort prompte et cruelle.

Navette. La navette est la graine par excellence relativement aux serins : avec cette graine on peut se passer de toutes les autres ; elle renferme à elle seule toutes les qualités nécessaires à l'organisation d'un serin ; mais comme avec de la prudence et de l'intelligence on peut ne pas réduire ces intéressans animaux à cette seule nourriture, qui, malgré ses bonnes qualités, deviendrait à la longue désagréable pour eux, on doit la considérer comme le pain des serins, la base de leur nourriture, et ensuite tâcher de leur rendre moins à charge leur captivité, en cherchant à leur offrir à peu près la même variété d'aliment qu'ils pourraient trouver dans la nature, s'ils étaient libres de profiter de ses faveurs.

Il faut une sévère attention à ne point se tromper sur le choix de l'espèce : celle dont nous reconnaissons les bons effets est la navette de France ; et celle que l'on doit rejeter avec la plus scrupuleuse exactitude se nomme *rabette* : elle est plus grosse et plus noire que la bonne qui tire sur le violet, celle qui est noire fait mourir les serins et est très-amère ; la bonne, celle enfin qui tire sur le violet, est douce à la bouche en l'écrasant sous la dent. Il ne faut pas qu'elle soit trop vieille : quand elle a trois ans elle ne vaut plus rien. -- D'un autre côté, elle ne doit pas être non plus trop nouvelle, elle doit avoir au moins six mois de récolte ou de grenier.

Cette excellente graine nourrit et rafraîchit en même temps les serins, sans trop les engraisser, enfin sa moindre qualité est de les faire vivre long-temps.

Anecdote.

Nous terminerons notre travail en rapportant une anecdote à laquelle d'abord nous n'osions ajouter foi, quoique garantie par les personnes de qui nous la tenons. Mais après avoir réfléchi à la manière dont les faits sont arrivés, nous remarquons qu'il n'y a rien d'étonnant que le concours des circonstances, et nous nous sommes décidés à l'insérer.

En effet, l'action du serin est assez naturelle est indépendante de sa volonté : ce n'est donc pas l'effet d'une intelligence extraordinaire, comme le supposent ceux qui nous fournissent l'anecdote, et quoique la publiant ici, nous ne pouvons raisonnablement croire avec eux que le petit oiseau, qui en est le principal héros, ait eu la conception qu'ils s'obstinent à lui attribuer : d'ailleurs voici les faits, nos lecteurs pourront prononcer.

En 1632, une dame qui habitait une petite maison de campagne assez isolée, possédait un serin qu'elle avait élevé, et qui était si bien apprivoisé, qu'il voltigeait par toute la maison, sans marquer l'envie de s'en aller ; ce n'est qu'à l'instant de la leçon qu'on l'enfermait dans sa cage : il avait appris plusieurs gentillesses particulièrement à parler, et entre autres choses, à crier *au voleur*, ce qui amusait beaucoup tous ceux qui l'entendaient, excepté les domestiques, qui souvent au moment de consommer un larcin, tel que la dégustation d'une bouteille de vin, l'attention scrupuleuse de ne pas ranger le sac de leur maîtresse, sans en avoir vérifié le contenu, etc., etc. Moment auquel le petit importun venait comme une bombe, se placer sur leur épaule, et par son cri *au voleur*, tiédissait leur zèle. -- Bref, pour en revenir à notre petit serin, un jour d'été (c'était un dimanche), sa maîtresse envoya tous ses gens sans exception à une assemblée ou fête du village ; elle était restée seule avec son serin, dont la cage était placée sur un guéridon au milieu du salon où elle-même se trouvait, quoique les croisées de l'appartement qui était au rez-de-chaussée fussent ouvertes : cette Dame, fatiguée par l'excessive chaleur que l'on ressentait, s'était endormie sur un sopha en jouant d'un petit flageolet avec lequel elle instruisait son serin. (1)

Il y avait déjà quelques instans qu'elle reposait, lorsque deux hommes qui avaient

(1) Dans ce temps là on ne connaissait pas encore les serinettes.

escaladé le mur du jardin, parurent à l'une des croisées du salon : à la vue de ces hommes couverts de haillons et à figure rébarbative, le petit serin se débat dans la cage, et par le bruit qu'il fait va réveiller sa maîtresse : les voleurs (car c'en était) sont indécis sur ce qu'ils vont faire ; l'un d'eux, plus hardi, met le pied dans l'appartement, tire un couteau de sa ceinture, et fait quelques pas vers la Dame. Dans ce moment, l'oiseau qui le voit passer près de sa cage, soit espoir d'avoir du sucre, soit crainte, soit enfin un arrêt du ciel, se met à crier *au voleur*, mais si distinctement que l'assassin est troublé ; la Dame que le bruit n'a pu réveiller, ouvre les yeux à ce mot, voit le danger qui la menace, jette un cri perçant, il est entendu par la maréchaussée qui passait dans ce moment pour se rendre à l'assemblée, les cavaliers ont mis pied à terre, ils sont déjà dans l'appartement, ils trouvent la Dame évanouie sur son sopha et atteinte d'un coup de couteau; ils aperçoivent deux hommes qui fuient dans le jardin: un coup de carabine en arrête un; un des cavaliers poursuit l'autre, et l'atteint, et ces deux brigands avouent que, ayant vu tout le monde de la maison à la fête, ils étaient venus pour piller chez cette Dame, l'assassiner si elle avait fait résistance, et que sans le petit serin c'était fait d'elle!....

Le coup qu'elle avait reçu n'avait fait que l'effleurer: heureusement, elle devait la vie à son cher petit élève!... mais, hélas!.. le dirons-nous. Le commandant de la maréchaussée en lâchant son coup de carabine a tiré si pres du guéridon, que la commotion de la poudre enflammée a étendu le pauvre petit héros mort dans sa cage!....

FIN.

TABLE.

FIN DE LA TABLE.

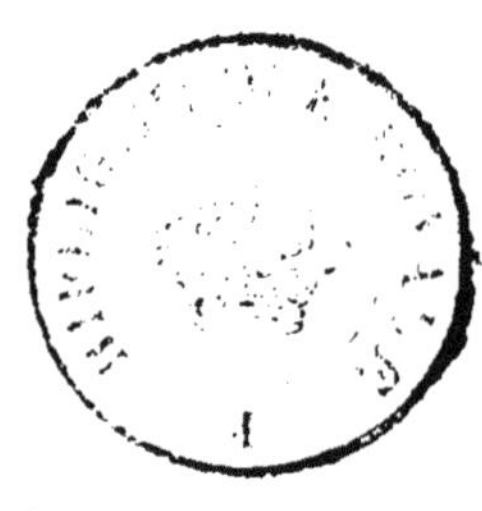

...is et pressés analogues à ceux que l'on fait ...che d'un violon. Après avoir fermé la main ...ué une petite incision à l'extrémité de l'in- ... ce doigt s'étendit à l'instant lorsqu'on le mit en contact avec l'un des conducteurs.

—M. Caventou vient d'annoncer que dans plusieurs fabriques de pois d'iris, un nouveau genre de sophistication est mis en usage; on en prépare un certain nombre avec du marron-d'Inde, et on les roule ensuite dans de la poudre de racine d'iris. Le moyen de découvrir la fraude est de réduire en poudre les pois que l'on soupçonne, et de jeter cette poudre dans une faible dissolution de sulfate de zinc du commerce; la liqueur deviendra d'un assez beau rouge, s'ils sont d'iris, et ne changera point de couleur s'ils sont fabriqués avec des marrons-d'Inde.

— Dans la cinquième édition de la Pharmacopée de Suède, imprimée à Stockholm, en 1817, on indique le procédé suivant pour la préparation d'un éther ammoniacal très-énergique, et qui mérite d'être souvent employé :

℞ Hydrochlorate (*muriate*) d'ammoniaque....................	āā une partie.
Eau distillée....................	

Faites dissoudre et ajoutez

Chaux pure nouvellement éteinte par l'eau. Une partie.

Mettez dans une cornue de verre; ajoutez

Ether sulfurique.................... Une partie.

Et distillez en refroidissant avec le plus grand soin.

CHEZ SA [illegible]

[illegible]

LA PETITE [illegible]
pour la pre[illegible]
sujets [illegible]
explication [illegible]
les meilleures fables d'Esope [illegible]
et un sujet d'[illegible]

[illegible]

LA PETITE [illegible]

[illegible]